動物看護師養成モデルコアカリキュラム（専修学校）準拠

動物病院スタッフのための
院内コミュニケーション
基礎知識編

坂上緑 著（動物病院接遇コンサルタント）

EDUWARD Press

推薦のことば

　多くの人が家庭内でペットを飼うようになり、彼らは家族の重要な一員であると認識されています。

　それに伴って我が国の小動物診療は発展し、多くの動物看護師がその分野で活躍していますが、残念ながら、まだ十分に社会的認知を受けているとは言い難く、その待遇に関しても全く不十分な状況と言わざるを得ません。

　しかし、今後の獣医療の進展を考えますと、動物看護師がチーム獣医療の一員として獣医療の前面に立って、ますます活躍する環境が整備されなければなりません。

　従来、動物看護師の資格は、多くの団体がそれぞれ認定したカリキュラムを学んだ学生に対し、試験等を行って認定してきました。しかし、社会の中で動物看護師の役割やその重要性、さらにはその資格を広く認識してもらうためには、動物看護師の質の担保が必要と思われます。

　このような考えを背景に、動物看護師として最低限必要なカリキュラム（コアカリキュラム）による教育を受け、その卒業者に統一した試験を課し、それに合格した人を動物看護師として認定する、という制度が必要であり、これを担う組織として、平成23年9月、動物看護師統一認定機構が設立されました。

　ここでは、まずコアカリキュラムが策定され、動物看護師を希望する学生は、このコアカリキュラムに沿った教育を受けなければならないこととなりました。

　一方、もともと動物看護師として働いていた方には、無試験で動物看護師として認定する、あるいは統一試験の受験資格を与えるといった移行措置がとられてきました。しかし、今春にこの移行措置は終了し、今後は、動物看護師になるためにはコアカリキュラムに沿った教育を受けることが必須です。

　本書は、動物看護師が学ぶべきコアカリキュラムに準拠した教科書のひとつです。コアカリキュラムの内容は、従来の教育内容から大きくかけ離れているものではなく、動物看護師に必要な基本的知識、技術を身につけるために必須と考えられる項目からなっています。実際の臨床の現場はきわめて多様であり、本書の内容が想定している以外の場面が出現することも予想されます。また、獣医学の進展は非常に速く、動物看護師がその資格取得後であっても、生涯学習として学ばなければならない内容も多いものと思われます。学生諸君は、このような教科書に書かれた内容を十分に身につけ、動物看護師として社会で活躍してほしいと願っています。

平成27年12月吉日
動物看護師統一認定機構
機構長　佐々木伸雄

発刊にあたって

　犬、猫、その他複数の種類の動物を対象に、また、内科、外科、皮膚科、その他複数の診療を一つの組織で行うのですから、動物病院は業務全体が多岐にわたり、複雑です。そのような業務をこなしながら、受付や電話応対などの業務も「飼い主様がご満足いただける」レベルで行うことはとても難しいと思います。

　それだけに動物病院のスタッフ、特に動物看護師の「飼い主様との対応力」は動物病院に大きく貢献します。私は実際に多くの動物病院に伺いましたが、皆さんのその力の向上は獣医師の先生方からも大きく期待されています。動物を病院に連れて来てくださるのは飼い主様だからです。

　獣医療そのものの効果は、すぐには飼い主様にご理解いただきにくい側面もありますから、スタッフの言葉遣いや立ち居振る舞いなどが、大きな印象となって飼い主様に伝わっていくのです。「感じのよい応対を受けた飼い主様」は治療も前向きに受けてくださるものです。ご自宅での動物の健康管理にもよりエネルギーを注いでくださるようになっていきます。その流れはきっと皆さんが「この仕事を選んでよかった」と思える出来事をもたらしてくれるでしょう。

　本書では、社会人として適切な言葉遣いや立ち居振る舞いの基本と、それをどのように動物病院で実施するか具体例を挙げて解説いたしました。個々の病院の状況に合わせて、取り入れていただければ幸いです。

　また、「動物看護師養成モデルコアカリキュラム（専修学校）」内の「院内コミュニケーション」の授業科目（75時間）に当てはまる内容およびキーワードを網羅しておりますので、動物看護師を目指す方々の教科書としてもお使いいただけます。学生さんにとっては、動物病院での飼い主様との応対場面が具体的にイメージできる、実践的な内容に仕上がっているのではないかと思います。今後発刊予定の『動物病院スタッフのための院内コミュニケーション　実践編　接遇と電話応対のケーススタディー』をあわせて読めば、より理解が深まるでしょう。さらに、読むだけではなく、応対の場面ではロールプレイ（実際に動物看護師、飼い主を設定してする応対練習）を取り入れていただけば技術となって身に付くはずです。

　本書は、月刊『as』の連載をまとめ2006年に発刊され、多くの動物病院のスタッフ様にお読みいただき刷を重ねた『asムック　動物病院スタッフのためのマナーブック　飼い主さんとのコミュニケーション講座』を新たに仕立て直したものです。章立てを変えて、皆様がより早く必要な記事を探せるようにしました。この編集にご尽力くださった、株式会社インターズーの磯尾ゆうこさんに心から感謝申し上げます。

平成27年12月吉日

動物病院接遇コンサルタント　坂上 緑

動物看護師養成モデルコアカリキュラム（専修学校）とは

　2014年4月より、動物看護師を養成する全国の専修学校にて「動物看護師養成モデルコアカリキュラム（専修学校）」が導入されました。"認定動物看護師"となるには、このモデルコアカリキュラムを学び、動物看護師統一認定試験（動物看護師統一認定機構主催）に合格する必要があります。

　このモデルコアカリキュラムでは、「院内コミュニケーション」という科目（例）が設定され、動物看護師統一認定試験でも毎年頻繁に出題されているテーマになります。

　本書は、「動物看護師養成モデルコアカリキュラム（専修学校）」における「院内コミュニケーション」の内容に準拠し、動物看護師統一認定試験に対応した教科書です。本書と、のちに出版される本書シリーズの『実践編』はそれぞれ、次のページに記載する同科目の「目標」をすべて網羅しています。

動物看護師養成モデルコアカリキュラム（専修学校）一覧
＊詳細はhttp://www.ccrvn.jp/koakarikamokugaiyou.pdf

【専門基礎分野】	【専門分野】	【専門分野　実習】
1．動物形態機能学	16．動物看護学	24．動物飼養実習Ⅰ
2．動物病理学	17．臨床動物看護学	25．動物飼養実習Ⅱ
3．動物疾病看護学	18．動物入院管理	26．動物看護実習Ⅰ
4．動物薬理学	19．幼齢動物・老齢動物管理	27．動物看護実習Ⅱ
5．動物感染症学	20．動物臨床検査学	28．動物臨床検査学実習Ⅰ
6．病原体・衛生管理	21．救急救命対応	29．動物臨床検査学実習Ⅱ
7．動物健康管理	22．クライアントエデュケーション	30．外科動物看護実習Ⅰ
8．動物栄養学	23．院内コミュニケーション	31．外科動物看護実習Ⅱ
9．動物医療関連法規		32．総合臨床実習
10．公衆衛生学		
11．動物繁殖学		
12．動物人間関係学		
13．動物行動学		
14．動物福祉論		
15．飼養管理学		

「院内コミュニケーション」の全体目標・学習目標・到達目標

院内コミュニケーション

目標：動物関連業界に適した思いやりを基本とし、受付業務、院内コミュニケーション、電話応対を身につける。

1）受付、クライアントコミュニケーション
◇**学習目標**：動物診療現場における受付で発生する飼主対応、接遇を身につける
◆**到達目標**：
①初診及び再診時など状況に応じた飼主対応ができる
②社会人として確実な電話対応及び適切な取次ができる
③精算、会計業務が正確にできる
④在庫管理や備品管理、顧客管理ができる

2）スタッフコミュニケーション
◇**学習目標**：動物診療現場におけるクライアント、スタッフとの状況に応じたコミュニケーションを身につける
◆**到達目標**：
①状況に応じた身だしなみができる
②状況に応じた表情、行動（態度）ができる
③状況に応じた挨拶、会話ができる
④状況に応じて報告・連絡・相談が確実にできる
⑤チームワークに寄与できる

contents

推薦のことば ii

発刊にあたって iii

動物看護師養成モデルコアカリキュラム（専修学校）とは iv

「院内コミュニケーション」の全体目標・学習目標・到達目標 v

第1章 飼い主様とはどんな人？

①人の判断は第一印象に影響される 2

②飼い主様という「人間」を理解する 4

確認テスト 7

第2章 センスアップの会話テクニック

①敬語の使い方 10

②飼い主様との雑談 16

③精算とお送りの言葉遣い 18

④電話応対の基本用語 20

⑤電話番号のメモと復唱のコツ 21

⑥電話のかけ方 23

⑦怒っている飼い主様に向き合う 24

⑧守っていただきたいことを伝えるコツ（婉曲表現） 25

確認テスト 27

第3章 業務別のコミュニケーション

①受付業務 カウンター業務の基本 30

②受付業務 待合室は「信頼を見せる」ショールーム 32

③受付業務 待合室管理術 34

④案内業務 診察室への案内 38

⑤診察補助業務 診察室での心配りと問診 41

⑥精算業務 薬の説明と精算業務 44

vi

確認テスト 47

第4章 電話応対

①電話応対の常識 50

②取り次ぎ電話のコツ 54

③電話でのクレームを予防する 57

確認テスト 60

第5章 クレーム時の対応

①不快感情の飼い主様の応対 64

確認テスト 68

第6章 動物看護師の接遇

①身だしなみと笑顔 72

②カウンターでの接遇の基本 75

③手の使い方 77

④セールスマン対応 80

⑤歩き方 81

⑥話しながらの記述 82

⑦お金の受け渡し方 83

⑧電話中の基本姿勢 85

⑨電話中の来院対応 86

⑩診察中の獣医師に話しかける 87

⑪お詫び状 88

⑫「思い」を伝えるふるまい 89

確認テスト 92

索　引 94

vii

本書は月刊『as』2004年10月号から2005年9月号まで連載していた「接客の基本からクレーム対応まで　飼い主さんとのコミュニケーション講座」をまとめた書籍『asムック　動物病院スタッフのためのマナーブック　飼い主さんとのコミュニケーション講座』を再構成し、一部加筆・修正したものです。
（編集部）

第1章 飼い主様とはどんな人？

　皆さんが日々向き合うのが「飼い主様」というお客様。どんな人でも自分がお客様となった時の特性があります。その特性に加えて「飼い主」という立場の方の特性もあります。その特性をよく踏まえてこちらも心構えを作りましょう。それが「接遇(せつぐう)」の意識の始まりであり、成功する「接客」への第一歩です。

① 人の判断は第一印象に影響される　　　　　　　　p2
② 飼い主様という「人間」を理解する　　　　　　　p4
確認テスト　　　　　　　　　　　　　　　　　　　p7

接遇と接客の違い
　接客業といえば、皆さんが買い物をする時、応対してくれる店員さんをイメージされる方が多いでしょう。動物病院でも、皆さんが飼い主様と向き合う場面を「接客」とご理解いただいたらよいと思います。受付や精算の業務、電話応対なども含まれます。
　さて、本書では「接客」だけでなく「接遇」という言葉も出てきます。「接遇」は接客の場面で「なぜそうするのか」ということを理解するところも含みます。理解できている人は業務の優先順位考えるようになったり、上手くいくようにするための事前の準備をするようになったりするのですね。接客が成功するためのあらゆる心構え、そこから発生する判断と言動のすべてが接遇です。本書では接遇の意味がご理解いただけるよう、一つひとつの接客場面に解説を入れました。

第1章 ① 人の判断は第一印象に影響される

> 　動物が大好きで動物看護師になったものの、仕事の中でエネルギーを使う相手は人間である飼い主様、という人もいらっしゃるようです。さらに、それがストレスとなって、仕事を辛く感じてしまうのはとても残念なこと。皆さんがプロとして犬や猫の扱い方を学ぶように、飼い主様との接し方も学びましょう。飼い主様によい環境で動物たちを飼っていただくために必要な情報を提供するだけでなく、飼い主様がそれらを理解し、実行できるよう働きかける役割を担っているのが皆さんだからです。そのためには飼い主様とよい関係を築き、あなたの声に耳を傾けていただくことが大切です。接客は苦手という人もいるでしょう。しかし、人間だって動物。そう、あなたの大好きな動物の仲間なのです。

第一印象の影響

　二人の男性アナウンサーがいます。同じ原稿を読んで、一人は全く間違えることなく読み、もう一人は出だしを間違えて、読み直しをしてしまいました。この二人を初めて見る人たちに、「どちらが上手でしょう？」と尋ねると、たいていの人は一度も間違えずに読んだほうを上手だと言うでしょう。**誰でも他人の能力を「自分の分かる範囲」の要素からしか判断できない**からです。

　しかし、ベテランのプロのアナウンサーは、「間違えなかった人のほうはサ行の発音時に舌が上歯の裏につきすぎるという癖があるし、ブレス（息の音）がマイクに頻繁に入るから、実は読み間違えてしまった人のほうが上手い」などという判断をするかもしれません。ところが、そういった細かい点を含め総合的にチェックできない人は最初に読み間違えたことで「下手だ」というイメージを持ってしまい、その後、どんなにすばらしく読んだとしても、その判断を最後まで変えてはくれません。同じように、病院スタッフの重要な技術の一つである「保定」も、素人の飼い主様には、正直、誰が上手で、誰がそうではないのか判断できないこともあります。

　診察室で初めて会った動物看護師が犬を保定したとします。その人がベテランでも、たまたまその時に犬が暴れたとしたら、飼い主様は「この人、下手なんじゃないの？　もっと上手な人に代わってよ」と思ってしまうか

もしれません。人間は初めての体験で得た情報から、相手のことをおおよそ判断してしまうからです。**飼い主様は「犬が暴れた」ことだけでその人の技術を判断します。**動物看護師が頸静脈の血管の圧迫に注意を払っていたり、関節をつかみながら動物の小さな動きを感じて力を加減しながら保定していたことなど、見てくれてはいません。読み間違えたアナウンサーを下手だと判断するのと同じですね。

　しかし、原稿を読み間違えてしまったのが有名なアナウンサーで、それを知っている人であれば、「この人、しゃべりが下手だなぁ」と思う人はあまりいないものです。彼はベテランで、ニュース番組のキャスターをしている有能な人であるという事前情報があれば、なおさらです。「彼はたまたま読み間違えた」と思うでしょうし、読み間違ったことに気づきもしない人も多いものなのです。

よいイメージを提供する

　同じように、飼い主様がこの動物看護師に対して「この人はしっかりしている」「いかにも仕事ができそうだ」といったイメージを保定する前に持っていたなら、たとえその時、たまたま犬が暴れたとしても、受け止め方が違ってくるのです。ですから、飼い主様が診察室に入る前までの、受付や案内、電話の応対などにおいて、スタ

ッフ全員でよいイメージを提供できるよう意識することがとても重要なのです。

私たちは日常生活の中で、毎日のようにお客様として応対される経験を積んでいますね。応対技術の中にこそ、多くの人がその店などを判断できる材料が多数含まれているのです。

心地よい応対をしてくれる動物看護師なら、飼い主様は出会った瞬間から自分の大切なペットを安心して任せることに心の中でOKを出してくれますし、たまたま犬が診察台で暴れた時には、むしろその人に頼りたくなってしまうものです。

第1章　飼い主様とはどんな人？

Column 1

笑顔は受容のサイン

生まれたての赤ちゃんが泣いてぐずっている時「大丈夫、心配ないよ。すぐ気持ちよくしてあげるよ」と伝える際、人はどんな表情をするでしょう。きっと笑顔ですよね。笑顔は相手がどんな状態にあろうとも「あなたを受け止めます」という人間のサインなのです。

人間はとても未熟な状態で生まれます。移動するにも、お乳を飲むにも、いつもお世話をしてくれる人がいなければ、生きていけない100％依存の状態です。

このお世話をしてくれる人に自分の状況を伝えるために使っているのが、声と顔の筋肉。顔の筋肉は腕や足、胴体の筋肉のように大きく動かさなくてもOKですからね。表情は人間がまだ体を動かせず、言葉を獲得する前から使っているコミュニケーションの原点です。笑顔に出合って安心するのは、自分がこの世に生まれて、初めて伝えられた受容のメッセージと同じだからです。

第1章 ② 飼い主様という「人間」を理解する

> 　動物病院で仕事をしながら、ご自身も飼い主であるという方も多いでしょうね。動物と飼い主様は一緒に暮らしている全く別の種の動物同士です。この地球に生まれた人と動物の数を思うと、偶然というにはあまりにも不思議な出会いではないでしょうか。そして、また、その飼い主様があなたの病院に来るというのも地球の上で起こる出来事の一つです。動物病院に来る動物たちとの出会いは、飼い主様を通して皆さんに与えられるのですよね。
>
> 　ここでお伝えしたいのは、「人間という動物についても知ってください。そして、動物たちと同じように、やさしく、大切に扱ってください」ということです。やさしくされた人間はその分、エネルギーをもらってやさしくなれます。一緒に暮らす動物にも一段とやさしい飼い主様になってくださると思います。

人間という動物

　人間はとても未熟な状態で生まれる動物です。生まれると「お世話をされる」という体験をして、成長します。目や耳、筋肉、骨、何もかもが未発達で、生まれてからしばらくは完全に誰かのお世話にならなければ生きていくことはできません。そばに母親がいても、這っていってお乳を吸うことはできません。寝返りすら打てません。同じ哺乳類でも、生まれてから数時間後には立つ動物もいるのですから、どれほど未熟な状態で誕生するかということはお分かりでしょう。人間は**100％依存の状態で**スタートするのです。

　そして、ゆっくり成長します。短期間で自立する動物よりもかなり長期にわたって、依存状態が続きます。「お世話をしてもらえない＝生命の危機にかかわるほどの不安」なのです。お世話をしてくれる人によって、その不安を解決してもらうという経験を繰り返します。お世話をされるということは、してくれる相手に「甘える」と

人間は100％依存の状態で生まれる

いうことです。人間は心の底で幼かったころ、自分が体験した「甘える時の快感」をしっかり覚えていて、不安なときはお世話してくれる人に出会うと安心するのです。

顧客心理

顧客とは買う立場にあるお客様のことです。「甘え」の気持ちが出やすい心理状態です。もちろん、個人差はありますが、多くの人は**いつもの自分より子どもの時の状態に戻りたくなる**のです。

店の中で商品を見ている時、店員さんに話しかけられると、うっとうしいという態度で返事もしない人もいますね。しかし、買おうと決めた時、あるいは何か質問したくなった時に、店員さんが忙しそうにして自分に気づかなければ、ムッとします。自由に振舞い、必要になった時だけ相手をしてもらいたいと思っています。顧客は「自分が買うと決めたら、すぐに笑顔で受け入れられてお世話をしてほしい」のです。

動物病院に来る方たちはどうでしょう？　どんな病院なのか様子を見るためだけに来る人はまずいませんね。飼い主様は「笑顔で迎えられ、お世話を期待」している方たちであるということを忘れないでください。

顧客の不快は理不尽である

スーパーのレジで、自分が精算する時にレシートのロール紙が切れてしまうと眉を寄せたり舌打ちするお客様がいます。不快感を表しているのですね。子どもは自分が持っているお菓子を落とすなど、自分の望まないことが起こった時、親に当たったりしますがこれと同じです。もちろん普通の大人は、これくらいのことで当たったりはしません。ここで相手を怒るのは理不尽だということを理解できているからです。しかし、多くの人は待っている間、ムッとした感じで無表情なのではないでしょうか。**お金を支払う場面では顧客心理状態がピークになる**からです。紙切れは当然ありえることで、店員さんはミスをしたわけでもありませんが、「お待たせしました。申し訳ございません」と謝らないと、不快感情のまま顧客を帰すことになります。そのため、研修なしでレジ接客をさせる店はあまりありません。人を教育しない店は競合する他の店より、かなり低価格で売らなければお客様は来ないからです。「店員の教育を省いているから、これだけ安いんだ」というなら納得できますし、そういう考え方で営業している店もあります。しかし、**一般に**

レジのロール紙切れでも機嫌が悪くなるのが顧客

動物病院は低価格だとは受け止めてもらえないものを提供しているということを常に意識してくださいね。

動物病院の顧客（飼い主様）の特徴

飼い主様が動物病院にいらっしゃるのはなぜでしょう。自分と暮らす動物の病気の回復や、健康維持のための情報や道具、技術を持たないし、方法が自分では分からないからです。できない、どうしていいか分からない……。そういう時、人間だけではなく、多くの動物は不安になるものではないでしょうか。飼い主様は知らないこと、できないことのほとんどを獣医師に頼るしかありません。しかし、治療効果は動物を介してしか分かりません。自分が治療を受けたのなら気分がよくなったというのは体感できますが、動物に現れる効果を確認するにはしばらく時間がかかります。治療、手術、薬など、当然ですが、飼い主様にはそれでいいのかどうか、自分では判断できないのです。

動物病院では、お店で買い物をするように自分の財布の中身を考えながら、自分で必要なものを決め、カゴに入れることはできません。獣医師が判断したものがカゴに入れられていくのを承諾するしかありません。しかも多くの飼い主様にとって、決して、楽々と払える金額ではないと思います。だからこそ、**精算時点で、今日、ここで提供されたもののすべてが、この金額だけの価値があるということを実感できなければ辛い**のです。

顧客には「伝えるだけ」では実行してもらえない

「午後3時にお越しください」と伝えるだけで、すべての飼い主様が約束通りに来るとは限りません。「勉強しなさい」と言いさえすれば、すべての子どもが勉強をするわけではないというくらいに受け止めていただいたらと思います。**顧客は時間の認識も甘くなるので、「15分くらいなら遅れたことにならない」**という感覚の方もいます。「出掛けに電話がかかってきた」とか、「道が混んでいた」などが正当な理由になるのが、顧客というもの。「この漫画を読んだら」とか、「ゲームが終わったら」とか言い訳する子どもと同じです。時には、「すっかり忘れていた」ということもありますね。

誰もが病院に遅れるように勤務先の会社に遅れていくわけではありません。そのようなことは、社会生活の中で糧を得ようとする時には許されないことです。この許されないことを「許してね」というのが甘えです。応対する相手はいつも**「顧客」という甘えた心理状態にある**人と認識してください。「時間を守らないルーズな子ども」をうまく指導するのが大人です。**本当の接遇は大人でないとできない**ということですね。飼い主様が遅れたという現実を「相手の性格のルーズさ」だけに原因があるとしていては、状況は改善できません。**顧客心理状態にある人への認識不足と工夫不足、すなわち接遇スキルが未熟である**ということでもあるのです。

飼い主様たちは動物病院で手に入るものの中に、**「自分の決断の正しさ」を確信し、安心したい**という思いを強く持っています。病院を出た時、「知識と判断力がある人たち」、さらに「親切でやさしい人たち」がいるところを自分が選んだという現実を認識できれば、「満足」がもたらされます。

治療効果の判断には時間がかかりますが、**応対のよしあしは多くの人には即断できます**。受付、案内、問診を経て、飼い主様の心の中で「この動物病院を選んでよかった」という結論を、動物を診察台の上に乗せるまでに出してもらえる応対ができる人は、動物病院にとって人材としての価値が非常に高いと思います。もちろん、飼い主様は獣医師の知識、技術を求めて来院されているのですが、動物病院に限らず、**すべての組織は総合力で顧客に評価される**ものです。

確認テスト

問1 「飼い主様」について適当な記述の組み合わせを、①〜⑤の中からひとつ選びなさい。

A）飼い主様の多くは、保定など動物病院スタッフの技術についてすぐに判断ができる

B）飼い主様は動物病院にとって「顧客」である

C）飼い主様はこちらがミスをしなければ不快になられることはない

D）飼い主様は獣医師の知識、技術に納得がいけば必ず満足される

E）「顧客心理」には子どものように甘える気持ちが含まれている

① A、B

② B、C

③ B、E

④ C、D

⑤ A、E

確認テスト　解答・解説

問1　解答：③

A、C、D：動物病院で提供されている知識も技術も、専門的な勉強や経験を積んでいない人には理解されにくい。それがミスなのかどうかも判断できないから「ミスしていない」ということも伝わりにくい。だからこそ、誰にでも分かりやすい「応対の技術」を身に付けて、安心していただき、信頼を得ることが重要。

B、E：社会生活でお金を支払う立場の人を「顧客」という。顧客の立場の時は、多くの人が自分の言動について甘くなってしまってよいという心理が働く。

p4 『飼い主様という「人間」を理解する』参照

第2章 センスアップの会話テクニック

　人間は社会生活でのコミュニケーションの大部分を「言葉」で行います。言葉は人と関わるためのとても大事な道具なのです。言葉は心が発し、相手の心に届くもの。だから、まずは自分が発する言葉を大切にする気持ちを持ちましょう。言葉の使い方、人に向けて発する時の心の持ち方について学びましょう。

① 敬語の使い方　　　　　　　　　　　　　　p10
② 飼い主様との雑談　　　　　　　　　　　　p16
③ 精算とお送りの言葉遣い　　　　　　　　　p18
④ 電話応対の基本用語　　　　　　　　　　　p20
⑤ 電話番号のメモと復唱のコツ　　　　　　　p21
⑥ 電話のかけ方　　　　　　　　　　　　　　p23
⑦ 怒っている飼い主様に向き合う　　　　　　p24
⑧ 守っていただきたいことを伝えるコツ（婉曲表現）p25
確認テスト　　　　　　　　　　　　　　　　p27

第2章 ① 敬語の使い方

> 敬語が使えることは社会人としての常識なのですが、社会人となるまでに敬語の勉強をする機会がほとんどないのが現実ですね。ですから、自分が聞き覚えた表現をそのまま敬語として使ってしまっている人も多く見受けられます。ここでは基本中の基本だけを解説してありますので、ご自身の表現と比べてみてください。

丁寧語・尊敬語・謙譲語が区別できますか？

まずは、日常よく使う動詞を見てみましょう。

	丁寧語	尊敬語	謙譲語
見る	見ます	ご覧になる	拝見する
待つ	待ちます	お待ちになる	お待ちする
言う	言います	おっしゃる	申す

このように、日本語の動詞のほとんどは、丁寧語、尊敬語、謙譲語を持っています。よく見ると、丁寧語はもともとの言葉に「ます」をつけるだけだから簡単ですね。「です」「ます」を文の最後につけて、丁寧体（体は文の形）で話すというのが、社会生活の常識です。「見た」ではなく「見ました」、「言った」ではなく「言いました」と言えるようにまず教育され、言語コミュニケーション能力の社会化が促進されています。丁寧語を使うかどうかで、親しい人と社会生活で接する人の区別をつけるということを幼児期から学ばせています。

丁寧語の特徴は、「（あなたは）見ますか？」「はい、（私は）見ますよ」のように、相手が主語でも、自分が主語でも「見ます」という同じ形を使うことです。丁寧語では、相手は自分と同じ立場にあるということになります。もちろん、人間はみんな平等ですから、人間同士として関わる時にはこれでいいのです。しかし、社会生活では場面によって人間関係に条件がつきます。上司と部下、先輩と後輩、客と店員などのように、それぞれが社会的立場や役割を担って相手と接しています。

動物看護師が飼い主様に書類を提示して「これを見てください」と言えば、飼い主様に"私とあなたは同じ立場です"と伝えることになります。しかし、この時自分は職業人として、相手はお客様として関わっていると理解していれば、「見る」のは飼い主様の動きですから「こちらをご覧ください」と尊敬語を使って、相手を尊び（大切にして）、敬う（認めている）立場を伝えられます。

精算時、飼い主様がクレジットカードを出して「これ、使えますか？」と聞かれたら、「ちょっと見せてください」ではなく「ちょっと拝見いたします」と謙譲語を使います。自分の動きを謙虚に譲る立場をとるのです。

これで分かる！尊敬語・謙譲語　その1

多くの学生さんが接客業でアルバイトとして活躍するようになってから、自己流あるいはそこで覚えた間違った敬語（"バイト語"と呼ばれることもある）を正しいと信じたまま社会人になっています。その後、誤りを研修や現場で上司から注意されるなど、訂正される機会がある人はいいのですが、なかった人はいつまでたってもバイト語レベルの敬語のままです。また、子どもの頃にバイト語を繰り返し聞いたために、自分もバイト語を使う習慣になった人もいます。

ちょっとテストをしてみましょう。次のうち下線の敬語表現が正しいものはどれですか？

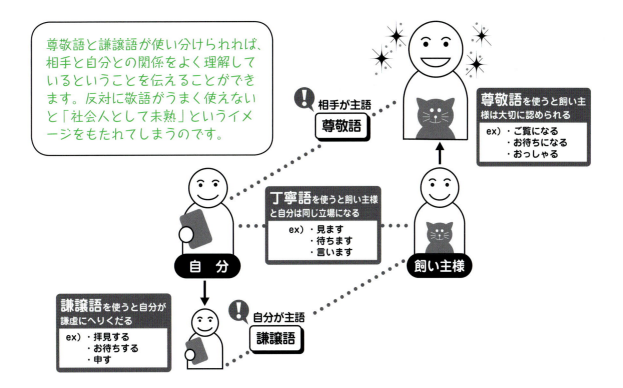

1. お待ちになられましたか？
2. どうぞおかけになってください。
3. こちらをご利用してください。
4. それはご使用になられません。
5. ご自宅に送らせていただきます。
6. 清掃中につき、ご使用できません。

実はこの下線部はすべてバイト語と言われる間違い敬語です。いかがでしたか？　ではすべてを正しく言えますか？

尊敬語と謙譲語の正しい形を見てみましょう。

A　尊敬語（飼い主様が主語）
・＿＿＿＿＿＿（ら）れる
・お（ご）＿＿＿＿＿＿になる
・お（ご）＿＿＿＿＿＿になれる
・お（ご）＿＿＿＿＿＿くださる（い）

B　謙譲語（自分が主語）
・お（ご）＿＿＿＿＿＿する ｛いたす／させていただく｝
・お（ご）＿＿＿＿＿＿できる
・お（ご）＿＿＿＿＿＿いただく
・＿＿＿＿＿＿（さ）せていただく

上記の＿＿＿＿＿＿に動詞を入れれば、敬語になります。例えば「待つ」を「〜（ら）れる」に入れると「待たれる」という尊敬語になるのです。この（ら）れる敬語はとても簡単ですから「いつ来られますか？」「〜と言われましたが」など、皆さんも頻繁に使っていませんか。ところが、この（ら）れる敬語が敬語表現を全体に紛らわしくしているのです。「待たれますか？」は「待ちますか？」の尊敬語ではありますが、「待てますか？」という可能の形で言い表すことはできません。結果、両方の尊敬語を「待たれますか？」と区別なく言ってしまう人が多いので、誤解を招きやすいのです。敬語を自由自在に使いこなすためには（ら）れる敬語を脱却して、「**お（ご）＿＿＿＿＿＿になる**」を使うようにしましょう。「待たれますか？」ではなくて「お待ちになりますか？」ですね。そうすることで、「待てますか？」が「お待ちになれますか？」と言えるようになるのです。「待ってください」は「お待ちください」となり、自然に日ごろ皆さんが使っている形に尊敬語全体が整います。

同様に表Bの＿＿＿＿＿＿の中に「待つ」を入れて、「お待ちする（いたす／させていただく）」、「お待ちできる」、「お待ちいただく」、「待たせていただく」、とすれば、正しい謙譲語になります。

正しい敬語のポイントはそれぞれの表現を**一つだけ使う**ことです。正解とともに記しましたので、AとBの表を見ながら比べてみると分かりやすいと思います。

1. お待ちになられましたか？
→お待ちになりましたか？

最も多い誤用です。「＿＿＿＿（ら）れる」と「お（ご）＿＿＿＿＿になる」の両方を使い、「（ら）れる」を「＿＿＿＿＿になる」に入れて使うと過剰敬語となります。「待たれましたか」あるいは「お待ちになりましたか」と一つずつ使うのが正解です。

> 2.「おかけになってください」
> →おかけください

「お（ご）＿＿＿＿＿になる」＋「お（ご）＿＿＿＿＿ください」にしていますね。依頼形ならば、「おかけください」と一つだけ使うのです。

> 3. こちらをご利用してください。
> →ご利用ください

「お（ご）〜する」というのは、謙譲語の言い方です。「ご利用して」の部分が謙譲語になっているのに気づきましたか？

> 4. それはご使用になられません。
> →ご使用になれません

敬語が苦手な人は可能形や否定形が正しく表現できないようです。「お（ご）〜になれる」で尊敬語ですから、「なれる」→「なれない」とそのまま否定にするだけですね。

> 5. ご自宅に送らせていただきます。
> →送らせていただきます

「〜ない」と否定形で言った時、その前の母音が「a」になる動詞を五段活用の動詞と言います。「送る」の否定は「送らない」で「ない」の前は「ら（ra）」ですから、母音は「a」です。このような動詞は「さ」を省いて「せていただく」だけをつけます。「届ける」「確認する」などは五段活用をしませんので、「届けさせていただく」「確認させていただく」が正しいのです。

> 6. 清掃中につき、ご使用できません。
> →ご使用になれません

「お（ご）＿＿＿＿＿できる」は謙譲語の可能形ですが、使用できないのは相手なので、ここは尊敬語にしなければなりません。「お（ご）＿＿＿＿＿になれる」を使います。

細かい点はまだまだ説明するべきところがあるのですが、バイト語の人もこれだけ理解できれば、敬語表現能力は一気に80点にはね上がるはずです。

これで分かる！
尊敬語・謙譲語　その2

下線部の敬語の使い方は間違っています。正しく使えますか？

> 1. 何時ごろいらっしゃられますか？
> 2. 葉書をお送りしたのですが、拝見されましたか？
> 3. 今日はご自宅におられますか？
> 4. 受付でお伺いください。
> 5. 1キロ入りと3キロ入りがありますが、どちらにいたしますか？

	尊敬語	謙譲語
見る	ご覧になる	拝見する
言う	おっしゃる	申す、申し上げる
食べる	召し上がる	いただく
する	なさる	いたす
行く	いらっしゃる	参る、伺う
来る	いらっしゃる	参る
いる	いらっしゃる	おる

「お（ご）＿＿＿＿＿になる」が尊敬語、「お（ご）＿＿＿＿＿する」が謙譲語の基本形であることを先ほどお伝えしました。＿＿＿＿＿に動詞を入れ、「お」や「になる」を付け加えて敬語にするので、付加形式と言います。ほとんどの動詞は「付加形式」で敬語にしますが、この表の動詞のような例外があります。例えば「言う」は「お言いになる」という付加形式で表すことはできません。「言われる」ならOKですが、この簡単な「（ら）れる敬語」だけで、すべてをまかなおうとして、めちゃくちゃな敬語を使う人が多いのです。自分はうまく言えないけれど、相手の言っていることは意味が分かる……というのが、敬語コミュニケーションの特徴。仕事の環境の中で、耳慣れ、口慣れだけで敬語を使っている場合、よい見本がない組織だと組織全体が同じ間違いをしているということもよくあります。「言う」は「おっしゃる」のように完全に別の言葉に変えてしまうので、「交換形式」と言います。上の表を見ての通り、交換形式敬語には日常生活の中でよく使われるものばかりが含まれています。ここに

12

挙げた7つだけでも正しく使えると大変便利です。交換形式は音声的に洗練されているので、使うと「うまい！」という感じがするからです。敬語の用法は「一つだけ使う」というのがルールです。

> 1. 何時ごろいらっしゃられますか？
> →いらっしゃいますか？　　または
> →いらっしゃれますか？

「いらっしゃる」という尊敬語に「（ら）れる」を合わせて使ってしまった誤用例で、よく耳にします。「来ますか？」と聞いているなら「いらっしゃいますか？」ですし、「来ることができますか？」と可能形で聞いているなら「いらっしゃれますか？」です。どちらの意味で言ったのかこれでは分かりません。可能形の「いらっしゃれますか」を使ったことがない人は多くて、「それ、変じゃないですか？」と思うこともあるようです。「来られますか？」は尊敬語と可能形が同形です。「（ら）れる」敬語は簡単ですが、可能、受身と同形になって紛らわしいのです。

「召し上がる」＋「（ら）れる」＋「お＿＿＿になる」とすべてをミックスして「お召し上がりになられる」などもありますが、これなど、言うのも大変ですよね。

> 2. 葉書をお送りしたのですが、拝見されましたか？
> →ご覧になりましたか？

> 3. 今日はご自宅におられますか？
> →いらっしゃいますか？

「（あなたは）見ましたか？」「（あなたは）いますか？」と聞いているので、「ご覧になりましたか？」「いらっしゃいますか？」です。このように謙譲語に「（ら）れる」をつけて尊敬語にしてしまう間違いパターンには「何と申される方ですか？」「どちらへ参られるのですか？」などがありますが、「おられる」の誤用が最も多いようです。

> 4. 受付でお伺いください。
> →お聞きください

「伺う」は「行く」「聞く」などの謙譲語です。「お（ご）くださる」に謙譲語を入れて使う人も多いですね。「ご拝見ください」と言われたことがあります。拝見は「拝んで見る」つまり、「ありがたく見る」ということ。

人に感謝を要求するのは恩着せがましいですね。

> 5. 1キロ入りと3キロ入りがありますが、どちらにいたしますか？
> →なさいますか？

飼い主様にした質問であるなら、基本的に疑問文は相手のことを尋ねるのだから、相手の動作に謙譲語を使ったことになり、誤用です。飼い主様が主語なら「なさいますか？」ですし、用意するのが自分であるという状況でなら、「いたしましょうか？」のほうがいいですね。

「お送りします」と「送らせていただきます」はどう違う？

	お〜する	〜せていただく
送る	○お送りする	送らせていただく
待つ	○お待ちする	待たせていただく
使う	×お使いする	使わせていただく
帰る	×お帰りする	帰らせていただく

謙譲語の「お」は、相手のためにつける！

送る・待つ
相手の存在が必要な動詞

使う・帰る
自分だけでできる自己完結動詞

「お送りします」「お待ちしています」などはOKなのに、「お使いします」「お帰りします」など、謙譲語の「お〜する」の形に「使う」や「帰る」を入れるとおかしなことになりますね。なぜでしょうか。**謙譲語の「お」は「相手のために」つけるもの**だからです。「送る」「待つ」は相手がいなくてはできません。「お待ちしています」と言う時、この「お」は「自分の待つという動き」にではなく、「待つ相手＝あなた」につけているのです。「使う」「帰る」は自己完結（自分一人でできる）動詞で、相手を必要としません。「お」をつける対象が初めからないのです。そのため、謙譲語としては「〜せていただく」のように「お」がついていない形しかありません。「座る」「休む」も自己完結動詞です。「お座りします」はおかしいですね。だから「お休みします」も間違いです。正しくは「休ませていただきます」です。

> 1. 寒くないですか？　エアコンをおつけしましょうか？
> 2. 寒いのでエアコンをつけさせていただいていいでしょうか？

　エアコンをつけるという同じ動きでも、1のように**相手のためにする場合には「お」をつけますが、2のように自分のためにする場合には「お」はつけません**。ならば、相手に送るものが領収書と請求書であれば、どちらに「お」をつけて、どちらにつけないか分かりますね？

　請求書は「お金を払ってください」というメッセージを伝えるのですから、「お送りする」のではなくて、「送らせていただく」ものです。

社会生活での言葉遣いの常識

　子どものうちは他人と話す時、母親を「お母さん」と言いますが、社会生活では「母」というのが常識ですね。自分の所属する組織も同様に、身内の人の敬称は省き「呼び捨て」にします。先輩であっても「山田さん」ではなく、「山田」と言います。敬称とは名前のあとにつくもの、「様」「さん」「部長」などすべてです。企業では新入社員がお客様と話す時は、社長のことも「社長の○○」と呼び捨てにします。

　実は「○○先生」の「先生」も敬称です。病院では患者に対して医師のことを「○○先生」と呼ぶところが多いですが、社会の常識に合わせるなら、「院長の○○」とか、「獣医師の○○」となるべきところです。

　私はセミナーなどで質問されれば「飼い主様へは『先生』を『獣医師』と言うのがいいでしょう」とお答えしています。ですが、動物看護師の皆さんが実践するにはまず獣医師の先生方への遠慮があるかもしれませんから、急には変えられないかもしれませんね。ただ「接遇」への意識と興味が高まってきたこの数年間で、それを実践する病院も増えきています。「患者から患者様へ」にならって、「飼い主さんを飼い主様」と表現を変えたところも多くなってきましたし、中からの声だけだった診察室への呼び込みも、待合室へ出てきて行うなど、多くのことが変わってきています。

　また、顧客の行動は尊敬語、身内の人の行動は謙譲語を使うのがルールです。しかし「先生」と敬称をつけた人のことは当然ですが、尊敬語で話してしまうでしょうし、飼い主様の動きを謙譲語にしてしまう現象も起こりやすいのです。「先生にお聞きして来ます」「先生がおっしゃったので」「先生に診察していただきます」などといった言い方を頻繁に耳にしますが、社会生活においては誤った言葉遣いです。これらをクリアするための解説を次節でいたします。

病院スタッフの言葉遣い

> 病院でよく聞く誤った言葉遣い
> 1. もうすぐ先生が来られます
> 2. 先生はなんとおっしゃいましたか？
> 3. 院長先生にお伝えしておきます
> 4. 先生にお電話していただきます
> 5. 担当の先生は誰でしたか？

> 一般企業での正しい言葉遣い
> 1. まもなく参ります
> 2. 山田は何と申したのでしょうか？
> 3. 山田に申し伝えておきます
> 4. 山田からお電話差し上げます
> 5. 担当は何と申す者だったでしょうか？

　「先生」と呼ぶ人のことは尊敬語で話すのが自然でしょうから、病院では敬語の誤用が目立ちます。お客様や取引先の人には自分の所属する組織の人たちのことは上司であっても「呼び捨てにして謙譲語で話す」のが常識。しかし、上の1～5のように、そうはなっていない現状が病院にはあり、他業界から入った方々から私はいつも「おかしくないですか？」という質問を受けます。一般企業で就業体験がある人は、そう感じて当然でしょう。ですが、病院は長年、内外区別のない言葉遣いをしてきたので、飼い主様もそれに慣れていますね。「おかしい」と強く思う人から「気にならない」「どうでもいい」など受け止め方はいろいろのようです。しかし、実は「どうでもいい」方は「それより診察料をもっと安くしてほしい」などと他に優先する条件があることが少なくありません。さまざまな価値観が混在していて曖昧なままですが、病院経営が事業である以上、顧客のニーズに合わせながら変わっていくでしょう。

　スタッフとしての現時点での対応策ですが、**飼い主様と話す場合は、「先生」と言うところを病院全体の動きにして謙譲語を、飼い主様の動きだけに尊敬語を使う**という方法をお勧めします。これなら言葉遣いとして間違いがありません。

病院内での正しい言葉遣い
1. まもなく診察させていただきます
2. 診察の時にどのようにお聞きになっていますか？
3. 院長に申し伝えておきます
4. こちらからお電話差し上げます
5. 担当させていただいた獣医師の名前はお分かりでしょうか？

「当院には院長を含め、3名の獣医師がおります」というように、「先生」を「獣医師」と言い換えたほうがよい状況もあると思います。「院長先生も入れて3人の先生がいらっしゃいます」ではあまりにも世間のルールからかけ離れすぎていて、話し手は社会人として未熟な印象を与えてしまいます。また、「〇〇先生は〇日はお休みです」という掲示物は子どもが書いたような感じすらします。「〇〇獣医師は〇日、学会出席のため、休診させていただきます」など、**書き言葉では先生を獣医師にしても違和感はないでしょう**。現状を「おかしい」と思っている飼い主様にも、病院の取り組みが伝わると思います。

第2章 センスアップの会話テクニック

Column ❷

ホスピタリティ

　接客業従事者の見本としてよく挙げられるのがホテルで働く人たち。実はホテルの語源はホスピタル、病院なんですよ。

　昔、旅はレジャーなどではなく命がけでした。危険がつきまとう毎日で、旅人はとても緊張し、苦労しながら移動していたのです。「安心して泊まれる宿」は旅人にとって、本当にありがたい存在だったのですね。疲れ果て、弱っている人に安心してくつろいでもらい、エネルギーを蓄えてまた元気に出発できるように、善良な宿の人たちは「病院の人たちが患者さんに接するように」宿泊する人をもてなしました。その心構えをホスピタリティ、宿そのものを「ホテル」と呼ぶようになったのです。

　ホテルに関連するたくさんの業種をはじめ、レストラン、航空会社、テーマパークなど、お客様と接する時点で人が生み出す付加価値を提供している業種はホスピタリティ産業と呼ばれます。顧客満足の原点はホスピタリティであるとサービス業界は学ぶのです。ホスピタリティ学科なるものが、大学でも開設されています。単に物を売るだけではなく、サービスとしてホスピタリティを提供することが当たり前になっています。ホスピタリティは人と接する時に、人が与えることのできる付加価値のすべてです。

第2章 ② 飼い主様との雑談

　意外かもしれませんが、雑談は絶対にしなくてはならないものではありません。無理して「自分は雑談が苦手」ともしも思っているなら、苦手なことをなんとかカバーしようと焦るより、基本の案内をしっかりすることをお勧めします。飼い主様の中には黙っているほうが楽な人もいるのです。あえて雑談をしなくても、リズムの合う案内をしてくれる人なら、十分に親切で親しみのある人であることが伝わります。

　カウンターで事務仕事をしている時、飼い主様同士の雑談が盛り上がっているようなら顔を上げて、にっこりと表情だけで参加してみましょう。あなたが無愛想な人でないということが分かったら、飼い主様のほうから「自分が話したい時に、話したい話題」で話しかけてくださるようになりますよ。

雑談はコミュニケーションの潤滑油

　潤滑油は軸がスムーズに回転するようにちょっとさせばOKです。ここを理解していないと雑談というよりは、「仕事中に私語で話し込んでしまう」ことになってしまいます。待合室には他の飼い主様もいらっしゃいますから、受付カウンターでの**雑談はどう切り上げるかのほうがよほど大事**なのです。飼い主様に受付で長々と話し込む体験をさせてしまうと、**いつもそうしてもらわなくてはマイナスと受け止めてしまう方も出てきてしまいます**し、他の優先するべき仕事が滞り、その時間が他の方の負担になって、院内の人間関係が悪化してしまうことすらあります。来院の方への情報として必要な説明は別ですが、雑談なら飼い主様の出した話題で、二言三言、交わす程度で十分です。

雑談の話題とTPO（時、場所、状況）

　「お手入れがいい」「しつけができている」「素敵な服」など、動物への褒め言葉をかけられると飼い主としてはうれしいものですが、**個々の話題を展開させるなら、その飼い主様だけがいらっしゃる時にします**。待合室など**複数の飼い主様がいらっしゃる場所**では、「寒くなってきましたね」「○○公園の桜はきれいですね」など、**季節、お天気、地域の話題**などのほうがよいでしょう。一般的な話題でも事故や犯罪など暗いニュースなどはこちらからはしないようにしましょう。決してしてはいけないのが、政治や宗教に関する話です。

自分の心の状態を先に伝える時

　人は不安な時、敏感で傷つきやすいですから、放置されていると感じるともっと悲しくなってしまいます。だから、深刻な状態の動物の点滴などの付き添いで長い時間を待つ飼い主様の近くを行き来する時、話しかけようか、どうしようかと迷う人が多いようですね。黙っていると悪いのではないかと気になりますが、そっとしておいてもらいたいという人もいらっしゃいます。飼い主様がどちらのタイプなのか分かりませんね。こういう時は、**こちらの構え方を最初の場面で、先に伝えて**おきます。「すみません。何回か通りますが、気になることがあったらお声をおかけくださいね」とお伝えします。さらに長患いの動物の飼い主様なら「様子はときどき見に来ますので、よろしければ○○様もお休みになっててくださいね。お疲れでしょうから。テーブルしかありませんけれど」などと声をかけます。人前で顔を伏せるのは失礼だと気を遣われる方もいらっしゃるのです。そのような言葉かけで、気を遣われる方でも安心して休んでいられ

るでしょう。相手の心が読めない時は、「黙っていても、話しても**私はどちらでもOKですよ。だから好きにしてくださいね**」という気持ちを先に伝えておきましょう。

雑談が苦手なら……
待合室がワッと盛り上がったら顔を上げて、「笑顔」だけ参加

第2章 ③

精算とお送りの言葉遣い

「バイト語」と言われる言葉遣いがあります（前述）。その表現を小さいころから聞き慣れてしまうと、社会に出た時、自分もいつの間にかそれを使うようですね。もっとも出やすいのが「精算業務」の時です。その日の最後の応対は飼い主様が印象としてお持ち帰りになりますので、精算からお送りまでを正しい言葉遣いと心遣いで締めくくりましょう。

精算時の「バイト語」に注意！

精算業務では最もバイト語が出やすいようです。気を付けましょう。下線部は間違った言葉遣いです。

> 1．こちらが下痢止めに<u>なります</u>。
> →こちらが下痢止めです。

「なる」は変化を表します。「AがBになる」というように。提示した薬は初めから下痢止め以外の何ものでもないし、これからもずっと下痢止めのままなのですから、「なります」は変ですね。

> 2．10,000円<u>から</u>お預かりいたします。
> →10,000円、お預かりいたします。

「から」は出所を表します。使うのであれば、「10,000円から（8,650円いただいたので）1,350円のお返しです」とお釣りを返す時です。

> 3．8,650円丁度<u>お預かりいたします</u>。
> →8,650円、丁度いただきます。

「お預かり」したものは返すものがなくてはなりません。丁度のお支払いは返すべきお釣りはないのですから、「いただきます」が正しいですね。

「なります」は「です」など断定を避けたいために使

われると言われています。間違いがないのであれば、毅然と断定する表現を使うようにしなければ、自信も持てないですし、何よりも自分が行った業務には自分が責任を持つという気持ちが育たなくなりますよ。

お送りの声かけはワンパターンから脱皮する

「お大事に」は健康でない状態の時に言う言葉ですから、ワクチン接種だけとか、フードだけを買いに来た方だとそぐわない声かけです。精算業務をする人が見送ることになるのですから、来院の目的は分かっているはずですね。その時の状況に応じて、お送りの声かけは柔軟にしましょう。

例えば、重い症状の動物には「どうぞお大事になさってください」と丁寧に言います。いつもより処置が長くかかった動物には「長時間お疲れ様でしたね」。フードや薬だけを取りに来た方には「○○ちゃん、お大事に」と動物の名前をつけます。ワクチン接種だけなら「○○ちゃん、元気でよかったです。お気を付けて」などと言ってみるとよいと思います。

さらに、「雨が降ってきたようですから、お気を付けて」「だいぶ暗くなってきましたので、お気を付けて」「今日はすごく気温が下がるそうですから、暖かくしてあげてください」など、その場の状況に合わせたコメントだけでも付け加えられると、気持ちが伝わるでしょう。また、元気な動物の飼い主様には、「これからはお散歩にもいい季節ですよね。楽しんでください」「○○通りは

今、桜がきれいですよ。よろしければお散歩がてら、お通りになってみてください」などとお天気や地域の話題などを付け加えるのもいいですね。

お送りの声かけはドアを出て行かれる時に

Column ③

滑舌（かつぜつ）トレーニング

クリアな発声ができるように、一つひとつをはっきりと明確に声に出して読んでください。早口で読むのではなく、顔の筋肉がしっかり動くのを感じながら、自然な速さで。

あ行　お綾や母親におあやまりなさい　青菜っ葉赤菜っ葉赤菜っ葉青菜っ葉

か行　貨客船の旅客（りょかく）　中小商工親交会議　規格価格か駆け引き価格か

さ行　新設診察室視察　生産者の申請書審査　行政監察査察使　私設秘書が折衝（せっしょう）

た行　竹垣に竹立てかける　地質学的知識　無秩序な状態　高崎の先の北高崎

な行　生麦生米生卵　京の生鱈（なまだら）奈良の生（なま）まな鰹（がつお）　抜きにくい釘引き抜きにくい釘

は行　是々非々手技　候補者放送　広島の紐で火鉢を縛る　東北地方の特派員

ま行　赤巻紙（あかまきがみ）　長巻紙（ながまきがみ）　黄巻紙（きまきがみ）　親鴎（おやがもめ）　子鴎（こがもめ）　孫鴎（まごがもめ）

や行　お綾やお湯へゆくと八百屋にお言い　雪降りで郵便やも郵便局へゆけず

ら行　五郎が五両十郎が十両　アンリ・ルネ・ルノルマンの流浪者の群れ

わ行　わたしわたくしわたしくしわたし　私はあなたに哀れまれたくない

ラ行は明るさを伝える音

ラレロ
レロラ
ロラレ

← これも3回続けて言う練習をしましょう

おあやまりなさい

鏡を見て表情筋が動くのを確かめながら

第2章　センスアップの会話テクニック

第2章 ④

電話応対の基本用語

電話応対には、社会人として基本の応対センテンスがあります。病院の代表として電話に出るのですから、この基本だけはすらすらと、いつでも言えるように何度も練習しておいてください。

＊より具体的な内容は、p49からの第4章「電話応対」でも触れていますので、あわせてお読みください。

状況に応じて、応対用語がスムーズにスピーディーに出るように練習しておきましょう。

■ 業者さんへの日常の挨拶

いつもお世話になっております（元気に）。

■ メモを取るのが間に合わなかった時

はい？　恐れ入ります、もう一度お願いいたします。

「え？」「はあ？」というのはタブーです。「はい？」と「い」を上げます。

■ 相手が名乗らないので、名前を聞く時

はい？　失礼ですが、どちら様でしょうか？

■ 電話のつながり状態が悪くて相手が何を言っているか分からない時

はい？　恐れ入ります、お電話が遠いようですが??

（大きい声で言うこと）

■ それでもやはり何を言っているか分からない時

申し訳ございません。やはりお電話が遠いようです。恐れ入りますが、一度お切りいただいて、おかけ直しいただけないでしょうか？　申し訳ございません。

と大きめの声で言って、相手が切るのを待ちます。

■ コールバックの案内をする時

後ほど（後日）こちらからお電話させていただいて（差し上げて）よろしいでしょうか？

「折り返し」は人によって、2～3分、15分くらい、1時間くらい、その日のうちなど、時間の感覚に開きがあるため、使わないほうが無難です。

また、「こちらからお電話させていただきますので、お電話番号をお願いいたします」と一気に言わないこと。「よろしいでしょうか？」と相手の意向を確認して、OKならば、「では（念のため）お電話番号をお願いいたします」と同意を得ながら会話を進めましょう。

「念のため」は以前、病院として電話番号を聞いた、あるいは書いていただいた可能性のある方につけます。初めて聞く方にはつける必要はありません。

第2章 ⑤

電話番号のメモと復唱のコツ

電話番号の復唱の仕方は、その人の電話応対全体の技術を表します。数字は特にはきはきと発声し、スピーディーにメモを取る必要があります。相手に間違っていないかきちんと確認してもらわなくてはならないからです。一つでも違っていたら、もうその人に電話をかけることができませんからね。

■ 大切なのはリズムと速度

メモをとる時、相手の言ったことを自分のメモの速度で復唱するのはあまりスマートではありません。

例えば、電話番号をメモする時、

飼い主様　「123の」
動物看護師「123の、はい、」
飼い主様　「4567」
動物看護師「4567、はい」

というやり方です。

電話ではあなたのメモをとる姿は見えていませんので、声のリズムだけが印象として伝わってしまいます。相手の区切りで「はい」「はい」と「い」にポイントをおいて相槌をうち、「はい、123-4567」と一気にスピーディーに復唱しましょう。

また、「123-4567ですね。山田様ですね。ハッピーちゃんのお薬の件ですね」と、いちいち「ですね」とつけるのも耳障りです。復唱は箇条書きを読むつもりで、不要な音を入れないようにしましょう。「はい、123-4567、山田様、ハッピーちゃんのお薬の件」。言い比べてみてください。後者だとリズムが生まれます。

「院長に申し伝えておきます。私、看護師の○○と申します」。この2つのセンテンスも一気に1文のつもりで、間を入れず言いきってしまいましょう。ただし、自分の**名前だけはゆっくり**言います。急ブレーキをかけるくらいの気持ちでスピードを落とすとメリハリがつきま

すよ。「はい、かしこまりました（承知いたしました）。」も同様にスピードが大事。軽快なリズムで言いましょう。「失礼いたします」はゆっくりと。最後の挨拶は急いで言うと「早く切りたい」ような感じが伝わってしまいます。

復習！

敬語について

「すぐに来てください。来れますか？」などと獣医師の言葉をそのまま飼い主様にお伝えしていませんか？敬語に変換して伝える必要があります。

だからと言って「先生にお聞きしたら、すぐに来るようにおっしゃっていますが、参れますか？」と、ここまで間違ってしまうと、飼い主様は行きたくなくなってしまうかもしれません。皆さんはもう大丈夫でしょうか？「院長がすぐに来ていただくように申しておりますが、いらっしゃれますか？」というように、伝言をうまく敬語で言えたら達人です。前述の言い方と見比べて、敬語の復習もしておいてくださいね。

「院長にお伝えしておきます」というのは×です。「お」は伝える相手、つまり、身内である院長につけたことになるからですね。「伝えておきます」でいいのですが、「申し伝えておきます」が社会での一般的な言い方です。

第2章 ⑥ 電話のかけ方

病院の代表として電話をかけるのですから、かけた後でもたもたしないように、かける内容と会話の段取りをしっかり決めてから番号をプッシュします。メモを用意し、きちんと姿勢を正してかけてくださいね。見えなくても態度は電話の向こうの人に伝わってしまいますから。

飼い主様のお宅へ電話をかける時は「○○動物病院、看護師、○○と申します」と自分の名前を**必ず名乗って**くださいね。かけ方の例を言葉遣い、話し方のリズムのポイントと合わせて参考にしてください。

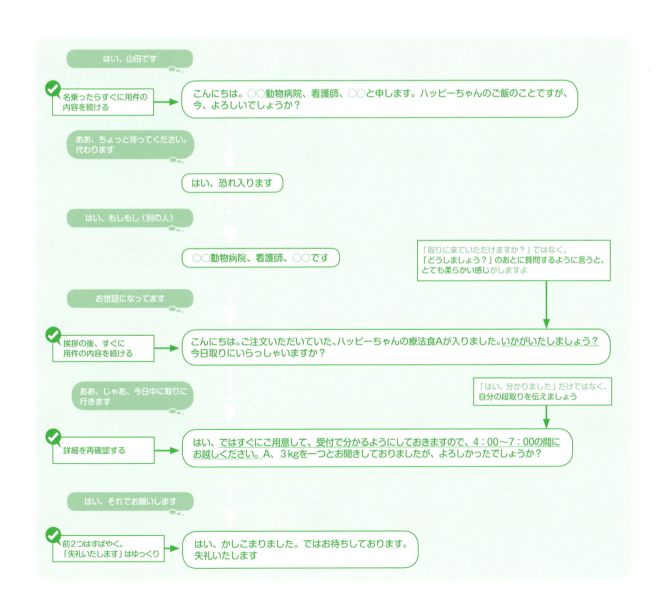

第2章 ⑦

怒っている飼い主様に向き合う

不快な感情を持っている人に向き合うのは、応対で一番難しいことです。できれば避けて通りたいですね。しかし、人と関わる以上、相手の怒りを対処する応対は欠かせないものです。医療を提供しているからこそ、飼い主様の怒りがとても深いこともありますから、まずは相手の怒りを受け入れる心構えを持ちましょう。
＊より具体的な内容は、p63からの第5章「クレーム時の対応」でも触れていますので、あわせてお読みください。

名指しで誰かを呼ぶように言われた時

怒った飼い主様から、「昨日の先生（受付の人、動物看護師）を出して（呼んで）」などと言われることがありますが、この時点ではまだ本人を呼んで電話に出したり、直接会わせないようにすることが大切です。本人が出るにしても内容が分からないままに応対してもよい結果は得られません。慌てず、「**恐れ入ります。今、誰が受付をしたのかすぐに分かりかねます。私、看護師の○○と申します。どのようなことかお聞かせいただけないでしょうか？**」と積極的に言ってみてください。クレームの原因となっていない人のほうが相手の言い分を感情的にならずに聞けるものですよね。

恐れることをOKとする

相手の怒りの原因を聞く──ストレスですよね。でも、人間は感情のある動物です。怒りも感じるのが自然です。飼い主様に限らず、相手の怒りを自分が解決する必要はありません。いつも皆さんが動物にしているように、相手が怒っていることを「ただ受け止める」ことさえできればいいのです。怒りは飼い主様の心の中でしか解決しません。怒りの解決能力には個人差があります。だから、その能力が高い人は怒りを収めるどころか、こちらの処理の仕方によっては感激さえしてくれることがあるのですよ。

クレーム応対では、よく「恐れず、毅然と」と言われますが、それはよほどの人でない限り、難しいことだと思います。怒っている人を恐れるのは自然なことでしょう。自分の名前を名乗ったりすることは怖くて当たり前だと思います。だから、**やり方を知っておかなくては怖くて向き合えない**ということです。恐れても構いません。**怖いなら、怖いまま向き合い、先ほどお伝えした方法で応対してみてください。**

飼い主様も人間という動物。
怒ることがあって当たり前

第2章 ⑧ 守っていただきたいことを伝えるコツ（婉曲表現）

　手術の日などは、時間通りに来てもらわないと本当に困ってしまいますよね。でも、「絶対に遅れないでくださいね」では、飼い主様は多分、怒ってしまわれます。だからといって、「できるだけ」とか「なるべく」などと言うと、「できなければOK」のように曖昧になり、説得力を欠いた言い方になります。
　診察の予約をした飼い主様がその時間に来ていなかったので次の人を先に呼んだら、それから20分待つことになり、ご機嫌を損ねてしまうこともあるでしょう。顧客とは本当に勝手でわがままな子どものようなものなのです。

約束の時間に来てほしい時は、15分刻みで時間を提示しない

　午後3時に来てほしければ、「2時50分までに」と言うのがコツです。遅刻しやすい時間というのが、00分、15分、30分、45分。**時間の15分刻みというのは、認知し**やすいので、漫然と受け止めてしまうのです。手術の日など絶対に遅れてほしくない時は、20分とか50分とかの10分刻みで提示してみましょう。本当に遅れたら困るのですよ……という思いを伝える時の常套句は、「**くれぐれもよろしく**」です。遅れてはいけない理由が**飼い主様のため**であれば、もっと説得力がありますね。

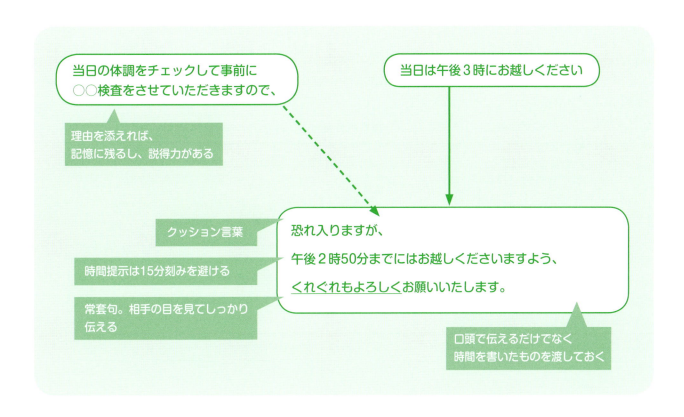

診察の予約で「遅れたらあなたをとばします」ということを伝える時

連絡を入れてもらうよう、飼い主様にひと手間かけてもらうことを基本にします。携帯電話所持がスタンダードである現在、決して無理なお願いではありません。もちろん、かけてこない方もいらっしゃるのは承知の上ですが、到着時、次の人と順番が入れ替わった場合、「そんなこと、言ってなかったじゃないですか！」という責められ方は避けられます。

受付に文字表示を。
電話での予約時もこれを見て案内すればOK

言うだけではなく、
診察券や受付に
文字表示をしておく

遅れられますと、次の方が先になります

恐れ入りますが、

お時間までにいらっしゃれない時は

お電話をお願いいたします。

連絡があれば、その時点での
状況を伝える

「次の人が先」という言い方は
避ける

次の方をお呼びして、順番を調整させていただきますので

お待ちいただくこともありますが、ご了承をお願いいたします

ご了承は「ください」ではなく
「お願いいたします」で締めくくる

確認テスト

問1 敬語表現として適当な組み合わせを、①～⑤の中からひとつ選びなさい。

A) お待ちになられましたか

B) こちらはご使用になれません

C) 受付でお伺いください

D) 請求書をお送りします

E) 来週はいらっしゃれますか

① A、B

② B、C

③ B、E

④ C、D

⑤ A、E

問2 飼い主様との会話において適当な記述の組み合わせを、①～⑤の中からひとつ選びなさい。

A) 飼い主様との雑談はコミュニケーションの潤滑油になるので、いつでも積極的に自分から話しかけるなどして、常に雑談をするように心掛けるとよい

B) 「こちらが下痢止めになります」という言葉遣いは正しいが、「一万円からお預かりいたします」は間違っている

C) 電話がよく聞き取れない時は「お電話が遠い」という表現を使うとよい

D) 電話をかける時は「○○病院の者ですが」と病院名を告げるとよい

E) 飼い主様にご来院の時間を守ってほしい時は、3時15分ではなくて3時20分というご案内をするほうが効果的である

① A、B

② A、C

③ B、D

④ C、E

⑤ A、E

確認テスト　解答・解説

問1　解答：③

A：㊣お待ちになりましたか
　　⇒「お〜になられる」はバイト語

C：㊣受付でお聞きください。お尋ねください
　　⇒伺うは謙譲語

D：㊣請求書を送らせていただきます
　　⇒請求書は自分のために送るので「お」をつけない

p10「敬語の使い方」参照

問2　解答：④

A：仕事中の雑談は「長引かせない」心掛けのほうが大事。雑談が苦手なら、無理せず笑顔だけ参加すればよい場面もある。

B：「こちらが下痢止めです」「一万円（を）、お預かりいたします」が正しい。

C：「恐れ入ります。お電話が遠いようですが」とはっきり伝えるとよい。

D：「○○病院、動物看護師○○です」と自分の職域と名前も名乗るほうが望ましい。

E：15分刻みは、心理的に漫然と伝わってしまいがちである。

p20「電話応対の基本用語」参照

p25「守っていただきたいことを伝えるコツ（婉曲表現）」参照

第3章 業務別のコミュニケーション

受付業務

案内業務

診察補助業務

精算業務

　動物病院の日常業務は、さまざまな場面で行われます。場面によって業務の内容が違うのはもちろんのこと、飼い主様の心の状態も違います。接遇の心構えで、飼い主様の心の状況に合わせた言葉遣い、振る舞い方を接客技術として身に付けてください。それぞれの場面（業務）をどんな視点で見ればよいかも合わせて学びましょう。

① 受付業務　カウンター業務の基本　　　　　　　　　p30
② 受付業務　待合室は「信頼を見せる」ショールーム　　p32
③ 受付業務　待合室管理術　　　　　　　　　　　　　p34
④ 案内業務　診察室への案内　　　　　　　　　　　　p38
⑤ 診察補助業務　診察室での心配りと問診　　　　　　p41
⑥ 精算業務　薬の説明と精算業務　　　　　　　　　　p44
確認テスト　　　　　　　　　　　　　　　　　　　　p47

第3章 ①

受付業務
カウンター業務の基本

飼い主様が来院したら、真っ先に向かうのがカウンターの受付です。ここで飼い主様が受けた印象は強く、その後に動物病院で起こる一つひとつの出来事に心理的影響をおよぼします。とりあえず受付が済んだら、次は「待つ」という大きなストレスをかかえて時間を過ごすことになるのが飼い主様。そのストレスを軽減するためにも、カウンターからは多くの情報を発信していきましょう。

すぐに応対し、「情報を提供」する

人は店に入っていく時に、「買う」（動物病院なら「診察を受ける」）ことを決めている場合、自分の存在に気づかれないと、とても不快に感じてしまいます。これを「顧客心理」と言います（p5参照）。ブティックなどの来店客とは異なり、動物病院に入ってきて様子だけ見てまた出て行く人はほとんどいないでしょう。入ってきた以上、「必ず用がある」のです。だから、動物病院では「すぐに応対」をするのが鉄則であり、受付には常に人がいるのが理想的です。来院時は**カウンターに到着するまで**に飼い主様の表情や動物の様子を見て、まず「急患ではないか」の判断をします。急患でなければ、再診の方には目を合わせて「（○○様）こんにちは」と挨拶します。確信があれば挨拶の前にお名前を呼ぶといいですね。そうすることで、飼い主様の満足度は高くなりますし、その人を覚えていないスタッフの耳にも入り、みんなが早く覚えることができます。

カウンターで必要な受付処理を終えたら、「少々お待ちください」ではなく「○**番目にお呼びしますのでお待ちください」とその人にとって最も重要な情報を提供し**てください。

来院時に受付できなかった方への「フォローを忘れない」

　動物看護師には診療補助や検査などの業務があるので、常に受付にスタッフがいるのは無理だという病院もあるでしょう。対策としてドアを開けるとチャイムや音楽が鳴るようにしているところも多いのですが、それでも保定中の動物を放置してすぐに出ることは困難ですね。このような場合、飼い主様が自分で診察券をカウンターの上に置いて（診察券箱に落とし込んで）、座って待つというパターンが多いようですが、その後、手が空いて受付に出た時、あなたはどうしていますか？　カウンターに置かれた診察券などを見てカルテを出し、診察室に戻る……それだけではいけません。重要なことを忘れています。そう、「挨拶」ですね。来院時、カウンターに誰もいなかったことだけでも、顧客としてストレスを感じているのです。その上、病院スタッフが出てきても、見もしない、声もかけないというのでは話になりません。

　カウンターに出たらまず、応対できなかった人に目を向けて、「**こんにちは。お待たせして申し訳ございませんでした**」と挨拶をして謝りましょう。そして「**○○様、○番目にお呼びします**」ですね。この時点では診察券が手元にあるので、新人でも確実に名前を呼ぶことができるでしょう。

信頼できる受付処理を「見せる」

　直接受付をしていない飼い主様の診察券を黙って重ねたり、箱から取り出してそのまま引っ込んではいけません。待合室で待っている方たちは、「順番を飛ばされているのではないか」「間違えられたかもしれない」とものすごいストレス状態になります。コンビニエンスストアのレジで列をつくっていた時に、新しいレジが開き、自分より後ろの人がそちらのレジに先に回ってしまったらムッとするでしょう？　病院の順番飛ばしはコンビニのレジとは比べものにならないほど、待ち時間が長くなってしまうのですから。

　複数人の場合は、**カウンターの上に置かれた診察券を重ねずに（診察券箱から取り出したまま差し替えず）、順番の確認をします**。「○○様、□□様の順でお呼びしますね（よろしいでしょうか？）」と一人ひとり、目を合わせて案内し、**確認した順番で診察券を扱うところを待合室で見せながら**処理しましょう。飼い主様たちは確実に自分の存在を認識されたことに安心しますし、「あと何人」「あの人のあと」という待ち時間のおおよその予想ができ、ストレスがかなり軽減されます。

　「少々お待ちください」という案内しかしていないなら親切な応対ではありません。飼い主様から「○○ですが、まだですか？」「あと何人ですか？」といった質問がたびたび出ているなら、受付が不親切だということです。必要としている情報をあらかじめ伝えてもらえなかったので、飼い主様はその質問をするまでに何度か躊躇し、自分の中のイライラと付き合わされていたのです。その質問は「情報なしに待つのはもう限界」というアピール、すなわちクレームなのです。もしもこのように言われたらその旨をメモにしてカルテにはさみ、飼い主様のご機嫌があまりよくないことを診察する獣医師に報告しておくのも大切なことです。

第3章 ②

受付業務

待合室は「信頼を見せる」ショールーム

ショーウィンドーにはその店が売っているものの雰囲気を表す商品がディスプレイされていますね。待合室にあるもの、待合室で起こる出来事はすべてがそれと同じ。待合室はそれがドラマのように繰り広げられる飼い主様参加型のショールームと言えます。

人間は不安な時、自分の決断、判断が正しかったことを確認して安心に変えたいという思いを持っています。だから今日この病院を選んで来てよかったと思えるさまざまなことが、その病院の中で起こってほしいのです。待合室で起こることはすべて見えているのですから、それならどうぞたくさん見てください、聞いて安心してください、という構え方で待合室での業務について考えてみましょう。

■ 大きめの声で説明を

病院へいらっしゃる飼い主様へ、皆さんが最も伝えたいことは何でしょうか。「一日も早く回復するように、自分の動物の管理を正しく、しっかりしてくださるように」ということではないでしょうか。私は二頭の犬を飼っていますが、「かわいがる＝正しい管理」ではないことを、多くの獣医師の先生や動物看護師さんから学びました。自分が人間という犬とは違う種類の動物である以上、自分の感覚だけで、犬の気持ちをこうなんだと決めつけてしまうのではなく、正しい情報を専門家から取り入れていかなくてはならないことを知ったのです。

だから大きく、はっきりした声で説明しましょう。役に立つ情報を一つでも多く、一人でも多くの飼い主様に伝えていくのはあなたです

動物病院に行くのは、**飼い主様が動物についての情報を集めて帰るよい機会**であるとも言えます。ですから、待合室で説明をする時は、いつもより大きめの声で話しましょう。Aさんへの説明であっても、待合室にいるBさんやCさん、Dさんにも伝わるようにします。自分に説明をされているわけではないので、みんなが聞き耳を立てているわけではありませんが、耳は目と違って閉じませんからその場にいれば聞こえますね。人間は多くの情報の中から自分に必要な情報を選択して聞こえるようにできています。動物病院では、Aさんへの説明の中で、BさんやCさんにとっても有益な情報はたくさんあります。病気や予防、薬、フード、飼育管理、トレーニングに関することなど、他人への説明から、より多くの情報が得られれば、**飼い主様がその動物の管理者として成長**します。他人への説明でも、聞こえてきた内容に対して、目から鱗が落ちたり、自分の勘違いに気づいて反省したりと飼い主様の心の中にいろいろなことが起こっています。スムーズに話している動物看護師であれば、同時に知識や説明能力も伝わり、間接的に多くの飼い主様の心の中で信頼度が高まります。のちに飼い主様と直接向き合った時、あなたの説明がぐっと説得力をもって伝わるでしょう。

Column ④
飼い主様たちから与えられているもの

　お金は便利です。与えられているものの価値が分かるからです。たとえば380円支払って電車に乗ります。380円を得るための自分の労働力と、380円分の距離を歩く労力を比較できます。

　携帯電話、いくらで購入しましたか？　それだけの金額を稼ぐために、あなたはどれくらいの時間がかかりますか？　それと同じだけの労力で、あなたは一から携帯電話を作ることができるでしょうか？　自分が支払った金額であなたが手に入れた携帯電話から得られる楽しみや便利さとはどれくらいのものでしょうか？　こういうことを考えると、いろいろな企業の社会貢献度が見えてくるでしょう。

　自分が他の人の労力や知識、技術から与えられているものの価値について考えてみましょう。飼い主様たちもさまざまな職業に就いていますね。多くの人間がいて、個々の人間が努力をしているから、自分も動物看護師の仕事に専念できる環境が与えられているのです。人間は「社会」という数えきれない人の群れの中で暮らしています。人間が自分の能力を発揮できるのは、他人の能力に支えられているからなのです。

第3章 ③

受付業務
待合室管理術

「待つ」ストレスとともに、飼い主様が一番長くいる場所が待合室。だから、飼い主様同士、お互いの動物に声をかけ合ったり、話をするなど和やかな雰囲気で時間が過ごせるというメリットに注目しましょう。その場に居合わせた人たちが動物たちと一緒に仲よく時間を共有していただける雰囲気づくりをするのは皆さんです。和やかな雰囲気の中では、待ち時間も短く感じられるものです。

見せてはならないもの

「飼い主様の立場に立つ」ということを実践するには何をしたらいいのでしょう。実際に待合室のすべての椅子に自分が座ってみたことがあるでしょうか? 同じスペースでもカウンターの向こう側から見るのでは雰囲気が違います。見えてはいけないものが見えてはいませんか? 個人的な持ち物、例えば、コーヒーカップや化粧ポーチ、雑誌など、座っている人にとっては、カウンターの奥の上のほうが目につきやすいですね。椅子のそばの観葉植物の葉にホコリがたまっていませんか? 飼い主様からはどのように見えているかチェックしておきましょう。

飼い主様同士の人間関係

特に小型犬はケージに入れて来ても、抱いて待つ飼い主様が多いのではないでしょうか? すると、ケージを待合室に残して診察室に入ってしまわれませんか? 後から来た人は、たとえ足元であっても人の荷物が置いてある椅子には座りにくいものです。ましてや椅子の上に上着や帽子、バッグなどが放置されていては座れません。特に冬場はコートやマフラー、手袋などの置きっぱなしが多く、待合室に入った瞬間、雑然と見えてしまいます。掃除をしていても、スッキリ見えなければ清潔感は伝わりません。診察室の中に荷物置き場があるなら、持ち物はすべて持ち込んでいただきましょう。動物も連れているし、荷物が多いと飼い主様一人では持ちきれませんので、動物以外のものは持つお手伝いをします。あるいは、待合室にコート掛けや、荷物を置く棚などを設置するとよいですね。場所の確保が難しいかもしれませんが、そういった観点から見直して少しでもスッキリ見える工夫をしてみてください。

もちろん、他に椅子が空いてなければ、他人の荷物をどけて座られる人もまれにいらっしゃいます。置きっぱなしにしていたとはいえ、自分の荷物が勝手に移動されているといい気持ちはしないものです。お互いに好意的に接する気持ちはなくなりますね。待合室内での不満を感じる状況を取り除き、飼い主様同士が和やかに触れ合えるように配慮しましょう。

荷物が置きっぱなしの待合室は…

「ケージをお持ちしましょう」と自分から提案して先に持ち、先に立って案内する。動物や貴重品が入っていそうなバッグは飼い主様ご自身に持っていただきましょう

動物を抱くと持てなくなるので、つい放置してしまいそうな小物を入れるビニールバッグを数個用意して貸し出すと便利

掲示物についての考え方

待合室の椅子から、見てほしいものである掲示板が死角になって見えない場合があります。当然ですが、背後の壁に貼ってあるポスターは見えませんね。掲示板はどの椅子からでも見やすい位置を選んで設置し、視線が集中するように、その周りにはあまり貼り紙をしないほうがいいのです。掲示板には日付が入ったお知らせや里親さん募集、イレギュラーな休診日のご案内など、**タイムリーなもの**を貼るようにします。院長先生が学会でいない日や、勤務医の先生にも指名制や担当制を導入しているなら、それぞれの先生のイレギュラーな休診日もできるだけ早く掲示します。病院からのお知らせには、「院長」とか「当院」ではなくて、**病院の名前**を書くようにしましょう。

長期で貼るものは、別のスペースにします。長期間放置せず、同じ内容でもときどきデザインを変えて貼りかえましょう。最長で1年が目安です。いつ来ても同じものしか貼ってなければ、そこで提供される情報も、技術も古い印象がしてしまいます。

緊急で掲示時間が短いものは別ですが、掲示物は**基本的にはパソコンで作成したもの**をお勧めします。最も伝えたいメッセージがよく目立つようにしてくださいね。**優先順位の高いメッセージほど大きな文字で**。掲示物を作る時には、周りに貼ってある他の掲示物の文字の大きさも考慮しましょう。イラストを入れたり、周りに装飾をするのは構いませんが、そちらのほうが目立つ色を使ってしまっては、肝心なことが伝わりにくくなります。

外部の駐車場を借りている病院も多いようですが、近隣とトラブルにならないように、場所や番号の案内、さらに排泄物処理などについてのお願いは大きめに書いて、**病院の外からでも見えるように**しておきましょう。

診察は選んで注文できるものではない上に、内容の見当がつかないので、飼い主様は「心の準備」として事前に料金を知りたいと思うのが自然でしょう。料金表は受付カウンターのそばに掲示しがちですが、計算した人の目の前でそれを見ながら明細書をチェックするなどということは心理的に実行しづらい行為ですから、むしろカウンターから離れた場所のほうがお勧めです。料金表は手に取って持ち帰れるように印刷物を用意するのが親切でしょう。

カウンター下は座っている人の目に入りやすいので新しい情報を提示する場所としては最適。
書き込みすぎると字が小さくなってインパクトが弱くなるのでポイントだけにします。
詳細は別の用紙を用意して口頭の説明を添えてお渡しすると親切

第3章 業務別のコミュニケーション

飼い主様に
してほしくないことを伝えるには

　待合室で動物を放してしまうので困るという話はよく聞きます。リードを放した小型犬に大型犬を連れた飼い主様は気を使われているようですね。放している飼い主様への直接の注意はしにくいものですから、病院からのお願いとして「待合室では動物はケージに入れるか、リードをつけてお待ちくださるようお願いいたします」というメッセージを貼り出しておきましょう。**理由も添えて**くださいね。例えば「怖がりの子もいますし、思わぬトラブルになってしまうこともあります。**動物たちが安心して落ち着いて過ごせる**ように、皆様のご協力をお願いいたします」などとするとよいでしょう。「リードを手放さないでください」のように、「～しないでください」と禁止する言い方ではなくて「～できるようにご協力をお願いいたします」という肯定でのメッセージにしましょう。大騒ぎするお子さん、一人で何人分もの椅子を独占する飼い主様などいろいろいらっしゃるようですが、**起こってしまってからの注意は、する側も気が重く、雰囲気も気まずくなるので、飼い主様がどうするのがいいのかが分かるように、目に触れるところにイラストを添えて貼っておきましょう。**

　携帯電話もマナーモードにしていただくよう待合室に啓蒙ポスターを貼ります。使用は診察室の中では控えていただきましょう。医療機器への影響もあるでしょうし、飼い主様が携帯で話し込んだために、診察が進まなかったということもあるようです。**診察室内での振る舞いについてのお願いメッセージは待合室にも掲示しておくとよいですね。**診察室では飼い主様は自分の動物ばかりを見ていますから、掲示物は目につきにくいのです。

トイレからもメッセージを発信

　トイレは掲示をするには絶好の場所です。**特に飼い主様に協力を求めるものは貼っておくようにしましょう。**狭い空間は壁が目の前に迫りますので、啓蒙メッセージのインパクトも強くなります。協力しようという気持ちになるように、トイレのクリーンアップに努めましょう。化粧ポーチ、歯磨きの道具など、スタッフの私物が見える場所に置いてあるなら、即撤去してください。ストックのトイレットペーパーは買った袋のまま見える場所に置かず、予備を一つだけ出しておいて、あとは見えない場所に収納するか、すっきり見える入れ物に入れ替えておきます。頻繁に見に行き、汚れた状態で放置しないように気を付けます。便器だけでなく、洗面台の周り、鏡の水はねも拭いておきます。使い捨てのペーパータオルなどを常備しておくとよいでしょう。スタッフが飼い主様と同じトイレを使用する場合は、「**ちょこちょこそうじ**」を励行してください。洗面所内のゴミ箱、汚物入れの中もチェックして常に空っぽの状態にしておきます。清潔な空間としての印象を伝えるなら、たとえゴミ箱の中でも「ゴミは見せない」のが鉄則です。

トイレの壁はグッと迫って見るので細かく説明しても大丈夫。
販促・啓蒙情報をトイレ用に何種類かつくって2週間に1回くらいは貼り替えを

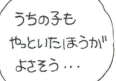

トイレ、洗面所のゴミ箱は目にふれるところは小さなものにしてこまめに空にしておきます。
やや大きめのゴミ箱は隠せる場所に置いておくなど動線を考えて工夫を

第3章 業務別のコミュニケーション

Column 5

伝える努力

　飼い主様から「動物病院は診察代が高い」と言われたら、それはその飼い主様に自分たちの職業についてよく理解していただけていないということではないでしょうか。自分たちの提供するものについては「伝える努力」が必要です。

　テレビや車など目に見える商品は購入した時点から持ち帰り、所持し、使用することができるのでたとえ高額でも納得感がありますね。ところが、動物が回復したり、健康に暮らせる状態を保っているのは皆さんの努力によって現れている現象ですが、現象は認知しにくいものですよね。認知しにくいものを提供する仕事に就いている人たちは、自分たちの努力の内容を一段と「伝える努力」をしなくてはなりません。「一生懸命やってくれてるなあ」と伝えられるのは、今、飼い主様がその場にいる時だけです。入院中の動物の看護や器具の洗浄、手術の準備など仕事は山ほどあるのに、ほとんどの飼い主様には見えません。しかし、どんな仕事でも、お客様に見えない努力のほうがずっと多いものです。だから、伝えるチャンスを逃さず、伝える努力をしていきましょう。

　待合室や診察室、電話応対で、飼い主様は皆さんが職業人として持っている知識や技術がどのくらいのものなのかを、その人の接し方や振る舞い方によって、イメージとして判断するのです。

第3章 ④

案内業務
診察室への案内

> 飼い主様を診察室に呼び込む時、「○○様、お待たせしました。どうぞ」とカルテを見ながら一気に言ってはいないでしょうか？ 案内する時はこれから起こる相手の動きを先に読んで一瞬でも相手が迷わないように、「していただきたいこと」「どうすればいいか」などを絶妙なタイミングで言葉や行動でメッセージとして送りましょう。「ここではいつも温かいメッセージが与えられる」「任せておけばうまくいく」、そういう体験をたくさん積み重ねれば、飼い主様はあなたからの、そして病院からのメッセージを安心して受け止めてくれるようになるはずです。

「お待たせしました」は目が合った時、「どうぞ」は歩き出す時

呼び込みの時はドアを開け、待合室に出て行く病院が多いようです。何のために人が出て行って呼ぶのでしょうか。**接遇では相手の動きとリズムを合わせる**ということが非常に重要です。どんなことでもタイミングをはずしたら言わなかったのと同じですし、はずすくらいならむしろ言わないほうがいいこともあります。カルテを見て下を向きながら「○○様、お待たせしました。どうぞ」と言ってすぐに引っ込むなら、出て来ないで中から声だけでアナウンスするほうがいいかもしれません。接客においては、人が出て来るなら、それなりのことをしなければ、お客様には不快になる要素を提供するだけになってしまうこともあるからです。人たることをしない人に応対されるくらいなら、セルフサービスにしてもらったほうがお客様は気楽と感じることもあるくらいです。

飼い主様を呼ぶ時に大切なのは、アイコンタクト。「○○様（さん）」とまず呼んで、どの人なのかをしっかりと見極め、笑顔で「○○ちゃん、お待たせいたしました」と目を合わせながら動物の名前を付けて言いましょう。この時、連れている動物や荷物の数などの状況を観察して、ヘルプが必要なら歩み寄り、「ケージをお持ちしましょう」などと自分が手伝えることを先に提案します。「お持ちしましょうか？」と聞くのではなくて、「**お持ちしましょう**」という決断のある提案で促すこと。その時点ですでにケージに手がかかっているくらいのタイミングがよいでしょう。相手もすぐに自分の段取りをつけやすくなります。明らかに提案事項が好意だと伝わる相手ならば、質問などして迷わせず、実行あるのみでしょう。質問したら「え？　ああ、いいです、いいです」と遠慮された結果、ケージを置き去りにされるかもしれません。待合室が雑然としてしまうとよくないことは前項でお伝えしましたね。「ケージも持ち込んでください」という代わりの「お持ちしましょう」でもあるのです。

　どのようにアプローチするかで応対の印象がずいぶん変わることにお気づきいただけるでしょうか。いつも**飼い主様と病院の双方にとって利になるような提案をしま**しょう。ブランド物の高額なケージを持っていらっしゃる飼い主様は、待合室に置いておきたくないという思いもあるかもしれません。いろいろな局面からどのようにアプローチをかけるかいつも考えましょう。

　飼い主様は初めて会う動物看護師さんでも最初の呼びかけでしっかり自分を見てくれて、笑顔を提供してくれた相手なら「すみません、お願いします」と言ってくださるでしょう。飼い主様との関係は何もかもが最初のアイコンタクトから始まるのです。

　お持ちするのは動物や貴重品以外のものがよいでしょう。飼い主様の用意ができるのを診察室の入り口に近いところで待って、**飼い主様が歩き出すタイミングと合わせて「どうぞ」**と言います。飼い主様の２、３歩先を歩きましょう。距離が長いなら途中で振り返って、飼い主様がついて来られているかどうかを確認します。

　呼んだ時点で、飼い主様をヘルプしなくても大丈夫と判断したら、ドアを開けたまま飼い主様の準備ができるのを待ち、こちらも歩き出されたタイミングで「どうぞ」と声をかけます。

＊例外はあるでしょうが、待合室では経験が浅い看護師は動物に直接触れないほうがよいでしょう。触れたことにより、突然吠えたり、鳴いたり、飛びついたり、暴れたりしないとも限りません。いろいろな性格の動物がいますし、日によって、動物たちも機嫌が違いますよね。動物が吠えたり唸ったりするだけでも恐縮する飼い主様もいらっしゃるでしょう。まして、万が一自分が咬まれるなどということが起こってしまったら、飼い主様やその場に居合わせた人たち、病院、自分自身までが困惑してしまいます。飼い主様側からすると、動物は診察台に乗せるまでは自分の管理にあるという感覚が強いのではないでしょうか。待合室では触らずに、「○○ちゃん、お待たせしてごめんなさい。行きましょう」などとやさしく声をかけるとよいと思います。

考えさせない、迷わせない、やりなおさせない

　診察室の入り口が自動ドアなら、先に入っても構いません（ただし、自動ドアがその動物の重さでは閉じてしまう可能性がある場合、そこに立って待ち、動物が入室するのを確認してから移動しましょう）が、そうでなければ、飼い主様が入られるまでドアを押さえて、動物とともに先にお通ししましょう。

　初診の方にはまず荷物をどこに置いたらいいのかを伝えてください。案内とは、相手が「考える前」にどうしたらいいのか情報をお伝えする、つまり先手を打つことです。飼い主様がきょろきょろと見回してから言うのでは遅すぎますし、自分の判断で荷物を置いた人に「あ、お荷物はこちらにお願いします」などと、やりなおしを

遠慮される方が多いです

「気がきく人」には動きとタイミングに決断があるんです

させると、「早く言ってよ」と診察を受ける直前に気分を害されてしまうこともありますね。後手になった声かけは案内の役割を果たしているとは言えませんね。すべては診察を前向きに、気持ちよく受けていただくためにする努力なのですから。

　診察室（処置室）に診察台が複数ある場合、自動ドアで先に入室したら、自分がその**診察台の近くまで歩み寄り**、「こちらでお願いいたします」と**手で指し示します**。診察台のそばに飼い主様用の椅子があるなら、「こちらの診察台ですが、おかけになってもう少しお待ちください」と**椅子を指し示して**お勧めしましょう。自動ドアでなく、飼い主様を先にお通しする場合、荷物の置き場をご案内したら「こちらでお待ちください。ドアを閉めますので」と待っていただきます。飼い主様が小さな動物を「いつの間にか」診察台に乗せていたということがないようにするためです。台に乗せた動物は落ちないように万全の注意を払わなくてはなりません（次項参照）。獣医師、動物看護師の管理のもとで台に乗せましょう。すぐに問診や診察にかかれないのなら「こちらの診察台ですが、**まだ乗せなくていいですよ。おかけになってもう少しお待ちください**」と伝えます。

近いほうの手で相手に胸を開いて、言い終わるまで指し示している手はキープしましょう。大切な臓器すなわち「ハート」はあなたにいつもオープンです、という気持ちを表すのです

「利き手」だけで指し示すと方向によっては自分の腕で胸をクローズして（閉じて）しまいますね。これは相手の攻撃に対して身を守る行動です

第3章 ⑤

診察補助業務
診察室での心配りと問診

第3章 業務別のコミュニケーション

> 　動物は診察台に乗せた瞬間から落ちるリスクがあるにもかかわらず、飼い主様は動物を診察台に乗せた瞬間から、心理的に責任を病院に預けています。車でいえば、自分より運転の上手い人に代わるために、運転席から助手席に移動したところです。一息ついてボーッとしてしまうのが分かりますね。人間は安心すると不注意になるものです。
> 　健康な子がワクチン接種に来たのに、診察台から落ちて骨折などとなったら、飼い主様はものすごく病院に対して怒りを抱くか、自分を責めてしまうかでしょう。しかもその後は治療費の問題など考えただけで気が重くなるような大きなトラブルに発展してしまいます。いずれにしろ、人も動物もとても辛い思いをすることになってしまうでしょう。

飼い主様が、動物を診察台に乗せるところを見守る

　診察台にはスタッフの管理のもとで「台の上に乗せてください」という案内をすることがとても重要です。そうでないと、**いつの間にか飼い主様が動物を台の上に乗せてしまって、病院側が認識しないまま落下する危険**を伴うからです。自分の段取りができていないのなら、「**まだ乗せなくていいですよ**」とか、「**ドアを閉めますのでそのまま抱いてお待ちくださいね**」などと待ったをかけましょう。だからといって、台の上に乗せたあと、あるいは乗せようとした時に、「あ、まだ乗せないでください」などと言うのは注意になりますからよくありません。「案内は先手を打つ」が基本でしたね。

　自分の用意ができてから、「では○○ちゃんを診察台に乗せてください」と案内します。大きな動物は乗せるのをヘルプしましょう。小さな動物で飼い主様だけで乗せられる時は、その様子を見守ります。その後、皆さん動物看護師が体重などを測る病院が多いと思いますが、自分が動物を保定できない状態ならば「**体重を測りますので、落ちないようにお気を付けください**」、台を離れる時には必ず、「**離れますね。○○ちゃんが落ちないように、お気を付けください**」としっかりと飼い主様と目を合わせてお伝えしましょう。すべてのスタッフが同じようにこのような**メッセージを伝えることで、常に動物に気配りをしているこちらの構え方が伝わりますし、案内を繰り返すことで飼い主様が台上の動物の安全について意識する訓練**にもなります。初診の方はもちろんですが、頻繁に通院の必要がなく、久しぶりに来院した方は、診察室の中では他の動物や機械、器具などに気をとられてしまうものです。皆さんには見慣れた風景でしょうが、病院が日常ではない方たちにとって、「見慣れない気になるもの」がたくさんあるのが診察室なのです。

質問を並べず、会話する問診を

　最初の問診をする場所はカウンター、待合室、診察室など病院によって違いますが、その日、最初に飼い主様と向き合ったスタッフが来院の目的を伺います。飼い主様のほうからおっしゃらなければ、「今日はどうされましたか？」あるいは「その後、いかがですか？」などと飼い主様が最も訴えたいことを最初に言えるような質問がよいでしょう。問診票にはさまざまな質問が列記してありますが、質問は飼い主様の主訴のテーマから展開していくようにします。

診察室の中は興味を引くものがいっぱい。ワクチン接種だけのような切羽つまっていない飼い主様はついキョロキョロしてしまうので注意

1．すぐに答えられる質問のあと、飼い主様が自由に話せるような聞き方をしてみる

例えば下痢の症状なら、まず、「いつからでしょう？」と基本の質問を一つして、「どんな下痢ですか？」とか、「何か思い当たるようなことはないでしょうか？」などと続けます。

2．簡単に答えられるように具体的に質問してみる

飼い主様がうまく説明できないようなら、「何回くらい<u>しましたか？</u>」「色は<u>どうでしょうか？</u>　黄色<u>っぽい？</u>茶色<u>っぽい？</u>」「水に近いような<u>便ですか？</u>」「血が混じっているようでは<u>なかったでしょうか？</u>」「いつもの便はどんな感じ<u>です？</u>」「こんな下痢は初めて<u>なんですね？</u>」などと尋ねます。

3．最初の5つくらいの質問は語尾パターンを変える

「……ですか？」という同じパターンで聞かないこと。2の下線部分はすべて違った表現をしていることにお気づきでしょうか？　「いつからですか？」「何回くらいしましたか？」「色はどうですか？　黄色っぽいですか？茶色っぽいですか？」と連続して繰り返すと、きつい感じがしてしまいますね。

4．飼い主様と目を合わせる質問のあと、動物に目を向ける質問をする

飼い主様と**何回か目を合わせたら**、「いつもと比べて元気はありますか？」「ごはんはいつも通り食べていますか？」などと質問をします。**この時、動物の様子を観察**しましょう。自分が何か判断を下すわけではないとしても、その行動から見えるものがその人の心配りです。「○○ちゃん、お腹痛いかな？」と動物に直接聞くようなパターンにしてもよいでしょう。もちろん答えるのは飼い主様ですが、グッとやわらかいアプローチになると思います。

5．主訴以外の質問に入る前には区切りを入れる

その後、フードの種類、回数、量など、排便と関連のある質問へ移ります。終わったら「下痢の他に気になるところはないでしょうか？」と症状について聞き、あれば同じように展開します。なければここで問診票に列記されている他の質問に入ります。その際「分かりました。**では、○○ちゃんについて全般的にお尋ねしますね**」などと区切りを入れましょう。

6．診察に入る前に「会話する問診」の導入を

初診なら年齢や入手方法、飼育環境、過去のワクチン歴などについてはあらかじめ待合室で書いていただくようにしているところも多いですね。ただ、ひっきりなし

に飼い主様が来院してくる状況なら別ですが、時間に余裕があるなら、記入後に主訴に対して1〜2つ質問するのもよいでしょう。特に初診の飼い主様は**自分に興味をもってくれた人に親しみを感じますし、こちらも飼い主様の性格や、動物に対する姿勢や考え方がかなりつかめる**と思います。診察室ではつかみきれない飼い主様情報を獣医師に伝えるのが皆さんの大切な役割です。

「責任ある飼い主様」へ導くために

フィラリア予防やワクチン接種のために毎年通院している方からは詳細な情報が期待できそうですね。しかし、そうではない飼い主様なら、動物を細かく観察するということを日常していらっしゃらない可能性もあります。ですが、このような飼い主様にこそ、**これからは病院に来ていただく**ということが動物たちのためになることを分かっていただけるように努力しましょう。

飼い主としては「自分のペットについて質問されて答えられない」という状況も辛く、格好悪いとお感じになるかもしれません。病院は居心地が悪いと感じてしまわれる可能性があります。知識がないことを指摘されたようで気分が悪いとか、さらに今後は面倒なことをしなくてはならないようだとかいう印象をもたれないようにするには、記入を依頼する時はペンを渡しながら、「**お分かりになるところだけで結構ですよ**」とか、質問の前に「細かくお聞きするところもありますが、**すべてお答えになれなくても大丈夫ですから**」と**にっこりしながら先手を打って**質問を始めましょう。

飼い主様を不安・不快にする言葉

相手は動物ですから、診察時いろいろなハプニングが起こるでしょう。しかし、飼い主様の目の前で、「あっ！」「あれ？」「やばい！」など驚きや迷いの感情が表れるような言葉は出さないようにしましょう。保定が上手くいかなかった時に、獣医師に「あ、すみません」などと言うのもいけませんね。飼い主様の不安をあおると、その後の処理を前向きに受け止めてくださることが難しくなります。「は〜い、○○ちゃん」「大丈夫だからね」と、なだめ、落ち着くような声かけを動物にも自分にもするつもりで行いましょう。

動物を袋に入れたり、口輪をしなくてはならないような状況もあるでしょうが、飼い主様によってはすごく可哀想と感じてしまう方もいらっしゃいます。動物が暴れてからその場で「口輪をさせてもらいます」と言うよりは、**あらかじめ病院案内などの文書を用意して渡し**、「『**動物の安全のために**』このような状況では、このような処置をさせていただくこともあります」という具体的なことを、**診察室に入る前にご理解いただくように**しておくといいと思います。

「暴れたら見えないところに連れて行かれた。何をされていたのか分からない」という不安、「ちょっと咬んだだけなのに、大げさに痛いと叫ばれた」とか、「咬んだから悪いと思って叩いたのに、叩かないでくださいって言われた」という怒りなどが飼い主様に生まれます。保定などが上手くいかない時は、早く処置をすることに気持ちが向いてしまうものですが、そこで飼い主様の気持ちを置き去りにすると、結局は「病院は嫌」だと感じさせてしまい、足が遠のいてしまう結果になります。病院側の言動はトレーニングの意味も含めているのだろうと私は思いますが、それを知らない飼い主様は自分の感じたままに物事を捉え、大きな誤解をしたまま、さらに他の方にもそのように伝えてしまうなどということが起こってしまいます。**動物病院に来る人たちはダイレクトに地域コミュニティーと強力につながっていて、このコミュニティーの評価に支えられているのが動物病院の大きな特徴です。**「○○ちゃん、どうしても興奮してしまうようですから、飼い主様が見えない場所でやってみますね」など、理由を説明しているでしょうか。あるいはトレーニングについての病院の考え方が事前にすべての飼い主様にしっかり伝わっているでしょうか。そのような観点から飼い主様の気持ちへのアプローチは十分かどうかをもう一度考えてみてくださいね。

第3章　業務別のコミュニケーション

第3章 ⑥

精算業務
薬の説明と精算業務

コンビニエンスストアでは店の大きさ、お客様の収容人数のわりに、レジの数が多いですね。並んでいる人の数が増えると、他の業務をしていたスタッフが新しいレジを開けて列を分散します。まさに、お金を支払おうとしている人たちに「待つ」というストレスをかけない工夫をしているのです。スーパーマーケットに比べて同じ商品の値段が高く設定されていることも多いですが、その分お客様の時間を使わせない、また、商品を袋に入れるサービスを付加するなど工夫しています。動物病院で飼い主様が支払う金額は日常、コンビニエンスストアで支払う金額をはるかに上回るのではありませんか？　ならば皆さんはどのような工夫ができるでしょうか？　そのような観点から動物病院の精算業務について分析してみましょう。

精算は応対の締めくくりです。誰もがお金を払う時は、お客様として扱われたいという気持ちが最も強くなります。ですから、精算時にストレスをかけてしまうと、今までの苦労はすべて水の泡となってしまうのです。飼い主様が診察室で納得し、安心されたとしてもそのあと、帰り際に不満を持ってしまうとクレームになりやすく、対処しなければならないことが増えてしまいます。今、まさにお金を払おうとしている人はお客様として最も配慮すべき段階にあるということを覚えておきましょう。映画でもいつまでも印象に残っているのがラストシーン、つまり最後に感じた不快は「お持ち帰りになる」ということですね。

精算を待たせるのは当然ではない

あなたが、コンビニエンスストアやスーパーマーケットのレジで20分待たなくてはならないとしたら、どうでしょう？　そんなに待つなら、買わないで帰ってしまいたくなりませんか？　飼い主様も診察終了後、精算を済ませ、必要な説明を聞き、必要なものを受け取ってすぐに帰れて当たり前だと思ってしまうものです。そうできるよう、最善を尽くしましょう。精算するべきカルテがたまっていて、10分以上かかるような状況なら、そのことをあらかじめ、診察室から待合室に出てこられた時点

で謝って、時間の目処をお知らせしましょう。「○○様、申し訳ございません。精算に○分ほどかかるかと思いますが、お待ちいただけますか？　恐れ入ります」ですね。忙しいのだから、いちいち言えないこともあるかもしれません。それならばせめて、**待ち時間の目処を書いたものをカウンターに提示**できないでしょうか？　飼い主様は「お金を払うために待っている」のです。4、5分ならまだしも時間の長さに関係なく、「ただ、待たせる」という観念から脱皮しましょう。

薬の説明は相手の理解度を確かめながら

決して薬の渡し間違いを起こさないために、精算時もかならず「山田様、ハッピーちゃん」と飼い主様の姓と動物の名前をセットで呼びます。

さらに「ハッピーちゃんのお薬が出ています」とまず言いましょう。その時、「こちらの白い錠剤が下痢止めで、こちらのオレンジの粉薬が抗生剤です」のように、見れば分かる要素まで言ってしまうと、耳からの情報が多すぎてかえって分かりにくいものです。薬をカウンターの上で並べたら、手で示しながら「下痢止めと炎症を抑えるお薬、2種類です」で十分でしょう。言葉が少ない分、飼い主様の理解を確かめるために顔を見ながらゆっくり

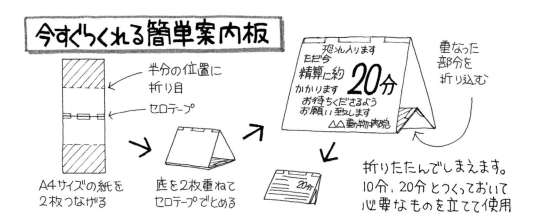

示してください。説明時、特に初めて出す薬は種類、一日に与える回数、与える日数、量、お渡しする合計の数をゆっくりはっきり発音しましょう。

再診の飼い主様には同じ薬が処方されていることも多いでしょうから、カウンターに出したら**「前回と同じお薬です」と言って2秒ほど待ちます**。飼い主様が「抗生剤ですね」と言われたら、「そうです」と答えます。何もおっしゃらなければ「炎症を抑えるお薬です」などと再度説明します。**飼い主様の理解度を認知するためにも、「会話する説明」を心掛けましょう**。「同じですが、量が変わりました。今まで1回2錠でしたが、今日からは1回1錠です」と変わったところをゆっくり大きな声で言います。「これまでと同じように、1日2回、食事のあとにあげてください」と以前と変わらない情報はややスピーディーに。「分かっていることについての説明」はどうしても聞き方がいい加減になってしまいます。大切なことを聞き落とすのは、この情報はすでに知っている、重要ではないと感じてしまうからです。だからこそ、**分かっている部分は相手に言わせてスピードを調節することが大事なのです**。家に帰ったあと、動物たちの管理をするのは飼い主様以外にいません。投薬や少々面倒なケアも、「よし、しっかりやろう」という気持ちになっていただけるよう伝えてくださいね。

金額を告げるタイミング

精算時に診察内容など、明細を口頭で説明する病院が増えてきました。よいことだと思います。ただ、せっかく細かい説明をするなら「本日、○○の注射、○○検査をさせていただいて、お薬、療法食○○で8,650円になります」と、**一気に言ってしまわずに、金額の前で切ってみましょう**。「本日は○○の注射、○○検査をさせていただきました。お薬が○種類、療法食○○ですね」。明

見れば分かることは、ゆっくり見せて理解していただく

説明に「間」を空けると飼い主様の理解度が分かり、会話もできる

細書には目もくれない人もいますが、ここで切ると、数秒かけて確かめる方も出てくるでしょう。たいていは5秒以内でザッと見て、「はい」とおっしゃるでしょう。しかし、質問をする方も出てくると思います。飼い主様のタイプはさまざまですが、一気に金額を言われると、すぐに払わなくてはならないような気持ちになってしまいます。ゆっくり確かめたい方にはそうしていただけるように、急ぎたい方や、前回と同じ内容の方は説明のポイントをしぼって伝えましょう。**相手のタイプを見極めることはとても重要です**。人間は**お金を払う時、最も自分のペースでことを進めたいと感じるものです**。あとになって、電話で金額について質問されたり、クレームになったりするのは、精算時に、相手のペースに合わせた

　応対ができていなかったということです。明細書を提示した時点で、合計額が飼い主様の目には入っています。**飼い主様の納得の「はい」を聞いてから「よろしいですか？　では8,650円です」と金額を告げます**。金額は、明確に発声しましょう。電卓で数字を示すとよいですね。

　お送りは接遇において最も重要な場面の一つです。飼い主様が、病院のドアから出る姿を見届けていますか？精算が済んだ時点が応対の終わりではありません。お金だけ受け取ったら、飼い主様がドアから出て行く前に、さっさと受付から去ってしまうのは、すごく冷たい感じがします。飼い主様のお帰りは必ず見送りましょう。**「お大事に」などの声かけはドアから出て行く時にやや大きめの声でします**。

　ただ、飼い主様によっては、精算後、椅子に戻って帰り支度にすごく時間のかかる方もいらっしゃいますね。すぐに診察室に行かなくてはならず、それを待つ時間がないのなら、声をかけてください。「○○様、すみません。こちらで失礼しますね。ごめんなさい」などです。飼い主様が「ああ、どうぞおかまいなく」などと返してこられたら「お大事になさってください」とおじぎをして中に入りましょう。

確認テスト

問1 飼い主様に対する応対について適当な記述の組み合わせを、①～⑤の中からひとつ選びなさい。

A) 動物病院に来られる飼い主様はほとんどすべての方が診察を受けるなど、病院に用事のある方なので「受付でお迎えする」ことを基本とするのがよい

B) 他の仕事に手を取られて、受付できないこともあるが、その時はカウンターに出たらまず、すみやかに置かれた診察券を見て、カルテを出すなどの業務をするとよい

C) 受付カウンターで飼い主様に説明をする時は、なるべく他の人には聞こえないように小声で行うとよい

D) 待合室が雑然と見えないようにするため、飼い主様の荷物はすべて診察室に持ち込んでいただくのがよい

E) 飼い主様がお互いに気持ちよく待合室で過ごしていただけるよう、「リードを手放さないでください」「ケージから出さないでください」などという注意書きを室内に貼っておくのもよい

① A、B
② B、C
③ C、D
④ C、E
⑤ A、D

問2 飼い主様との応対、飼い主様がいらっしゃる場所での対応について適当な記述の組み合わせを、①～⑤の中からひとつ選びなさい。

A) 飼い主様のお荷物が多そうなときは近寄って「お荷物をお持ちしましょうか？」と尋ねるとよい

B) 問診はこちらの質問ばかりをするのではなくて、飼い主様の答えに合わせて会話ができる展開が望ましい

C) 待合室の飼い主様を診察室に呼び入れる時は、ドアを開き「○○様、お待たせいたしました」と大き目の声で言うとよい

D) 診察台に動物を乗せた後、飼い主様と動物だけになる時は、飼い主様に「落ちないようにお願いします」とお願いするとよい

E) 診察中に自分の保定が上手くいかなかった時、その場で獣医師に「すみません」と謝る必要はない

① A、C、D
② B、D、E
③ A、B、E
④ B、C、E
⑤ C、D、E

問3 薬の説明と精算業務について適当な記述の組み合わせを、①～⑤の中からひとつ選びなさい。

A) 診察が終わった飼い主様に、精算まで20分以上の待ち時間が出るなら、その旨をあらかじめお知らせするとよい

B) 薬ができて飼い主様をカウンターに呼ぶ時は「○○様（さん）、○○ちゃん」と動物の名前もセットで呼ぶのがよい

C) 薬は袋に入れたまま、処方の内容とお渡しする数を告げるとよい

D) 精算時、金額を告げる時は、電卓で提示するとよい

E) 精算が終ればすぐに「お大事に」と言うとよい

① A、C
② B、D
③ A、B
④ C、E
⑤ D、E

47

確認テスト　解答・解説

問1　解答：⑤

B：まずは来られている飼い主様に受付できなかったことを詫び、挨拶をするのが先。

C：他の飼い主様にとっても学ぶこと、必要な情報もたくさんあるので、基本的には大き目の声ではきはき説明するのがよい。

E：注意する時は「『リードをつないだまま』『ケージに入れたまま』お待ちください」と否定形ではなくて肯定形で伝えるのがコツ。

p30「受付業務 カウンター業務の基本」参照

p34「受付業務 待合室管理術」参照

問2　解答：②

A：「お荷物をお持ちしますね」でないと、「いえ、いいです」と遠慮して断られてしまう可能性が高い。荷物を持ち込みたいのは自分なのだから、ここで質問するのはふさわしくない。

C：「○○様（さん）、○○ちゃん」と呼び、「お待たせしました」は、その方がこちらに来られてから目を合わせたタイミングで言う。

D：動物の安全が最優先。他に誰もいない状況なら飼い主様にお願いする。

E：謝るのは飼い主様が立ち去った後でする。

p41「診察補助業務 診察室での心配りと問診」参照

問3　解答：②

A：10分以上を目途にする。

C：袋から出して数を飼い主様にも確認していただく。

E：お送りの声かけは飼い主様がドアから出られる時にする。

p44「精算業務 薬の説明と精算業務」参照

第4章 電話応対

電話はお互いの表情が見えないコミュニケーション。声の出し方や言葉遣いに気配りをしないと、こちらの気持ちが伝わらず、受け取り方によってはトラブルの元になります。また、声のトーンや話す速度は、安心させるか、猜疑心をかき立てるか、飼い主様の心に大きく影響します。電話応対はあなたが一人で臨む仕事です。責任を果たすために電話ならではの応対技術を学びましょう。

① 電話応対の常識　　　　　　　　　　p50
② 取り次ぎ電話のコツ　　　　　　　　p54
③ 電話でのクレームを予防する　　　　p57
確認テスト　　　　　　　　　　　　　p60

第4章 ① 電話応対の常識

電話では第一声で、飼い主様との接し方に使うその人のエネルギーが伝わります。その後の処理の仕方も、その人の第一声の印象で伝わった通りであることがほとんどです。

明確に、スピーディーに電話に出られる人は、処理の仕方もよく訓練されていて、てきぱきと説明したり、案内したり、また、提案したりできます。電話の向こうにはその人の笑顔とやる気が感じられ、てきぱきとメモを取っている姿も想像できますが、プライベートの電話と同じような雰囲気で出てくる人には、メモが取れているのか、この人がきちんと理解し、処理してくれるのか、伝言をしかるべき人に伝えてくれるのか、不安になってしまうこともあります。実際の飼い主様との会話を一度録音してみて、どのように自分が応対しているか、客観的に聞いてみるとよいでしょう。

多くの飼い主様がかけてこられる電話に複数のスタッフが対応する——それが病院の電話応対です。お互いに顔が見えないのですから、その情報が必要になった時、あとで「あの人」と限定することができません。どんな場合でも、**「誰と誰が」電話でコミュニケーションをとっているのかをお互いに明らかにすること**が何よりも重要です。ですから、飼い主様のお宅に電話をかける場合は「○○動物病院（の者）ですが」と病院名だけではなく、「○○動物病院、看護師、○○です（でございます）」と個人名を名乗りましょう。

ちなみに、「○○と申します」は初めての相手に自己紹介をする時、既知の相手には「○○です（でございます）」と言います。

電話の出方について

動物看護師「はい、○○動物病院です」
飼い主様　「佐藤です。お世話になってます」
動物看護師「はい、こんにちは」

このようなパターンの人が非常に多いように思いますが、皆さんのところではいかがでしょうか？　しかし、このような応対をする人の大半はこの時点で、相手が誰なのかメモが取れておらず、あとで「すみません、お名前をもう一度お願いします」とフォローを入れなくてはならないことが極めて多いのです。つまり、その段階に進むまで、相手が誰かを確認しないまま、話を進めているということになります。そのこと自体、相手に失礼ですし、慣れない人はフォローを忘れてしまって、結局誰からだったか分からないという失敗も起こしやすいようです。

1. 挨拶（はい）＋組織名＋役割（職域）＋名前で出る

これが一般のビジネス社会での標準応対です。最初に名前を名乗ることにより、相手も電話に出た人の情報をつかめるからです。その後、「さっきの人に言ったんですけど」などという曖昧な展開になると、それが誰だったのか確認するのはお互いに時間の無駄ですし、情報が正確性を欠いてしまいます。動物病院には同じ人が繰り返し来るパターンが多いのですから、**こちらからできるだけ個人の名前を声に出して告げる機会を提供することにより、スタッフの名前を覚えていただきやすくなり、親近感が深まります。**

また、最初に自分から**名前を名乗ることにより、個々のスタッフにその電話応対についての強い責任感が芽生え**ますし、相手にも、「あ、私も名前を言わなくては」と思っていただけます。ただ、「○○動物病院の看護師の○○」と「の」を入れすぎると、音声的にもたつき、固

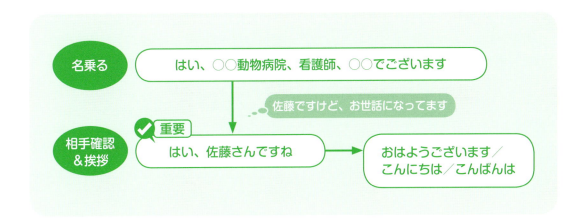

有名詞との区切りが分かりづらいので、助詞は省くほうが切れがあり、てきぱき感が増します。

このような理由から、私は「はい、○○動物病院、看護師、○○でございます」という出方をお勧めしますが、第一声をどうするかについてはそれぞれの病院で話し合って決めてください。**「スタッフ全員が同じように出る」ことがとても重要**です。人によって出るパターンが違うと、病院全体のビジョンがまとまっていない感じが伝わってしまうからです。

ポイントは**相手の名前を復唱し、確認してから挨拶する**ということ。この時点で**相手の名前をメモに取るということもセットで処理を済ませて**しまいます。「誰からか」という最も重要な情報を取り落として話を進めるのは、大きなミスをする元ですから。

2．いつも「少々お待ちください」はやめる

電話応対で最も多く使ってしまうのがこの言葉ではないでしょうか？

「院長先生をお願いします」「○月○日、予約できますか？」「療法食Aはありますか？」など、何を言われても「はい、少々お待ちください」の対応。その後、実際にどれくらい相手は待っているでしょうか？ 個人差はありますが、電話で待っている人がイライラし始めるのは、お待たせメロディがリピートを始めた時というのが最も多いようです。「**"少々"はお待たせメロディ1回分が限度**」という認識を持ってくださいね。具体的には、30秒程度です。一度時計を見ながら、30秒間待つということを体感しておきましょう。これ以上は「少々」ではないと実感できると思います。それ以上かかる処理なら、「少々お待ちください」という案内では不適当です。何度も書きましたが、顧客にとって、「待つ」ことはストレスです。しかも電話だと、相手は自分で通話料というコストをかけながらそのストレスにさらされているのです。再度電話に出たら、切れていたなどということが起こっていませんか？ 何を言われても「少々お待ちくだ

さい」と言って電話から離れ、30秒以上相手を放置するというやり方からは卒業しましょう。そうでないと、瞬時に必要な情報をまとめて相手に伝えるという能力が伸びません。

3．状況を説明する

電話ではこちらの様子が相手には全く見えませんから、口頭で状況を説明することが必要です。例えば次のようなやりとりです。

> A．院長先生をお願いします
> →院長はただ今診察中ですが、見てまいります
> B．○月○日、予約できますか？
> →はい、○月○日ですね、確認いたします
> C．療法食△はありますか？
> →はい、△ですね、在庫を確認してまいります

これが「少々お待ちください」だけでは、相手は情報不足であなたの行動を想像することが面倒になり、漫然と待つだけになるため、同じ時間でも心理的にかなり長く感じてしまうものです。相手の質問に対して必要な状況、これから自分が起こす行動を具体的に伝えることで、相手が「待ち時間の目処」を立てることができますね。接遇におけるコミュニケーション能力とは、相手が安心できる、楽ができる情報を伝える力です。

4．処理の案内をする

状況説明のあと、**待っていただけるかどうかお尋ねしましょう**。「……のでこのまま**お待ちいただいてよろしいでしょうか？**」です。「お待ちください」と決めつけるのではなくて、「こういうことをしますので、それなりに時間がかかります。その間あなたに電話代を負担させてしまいますがいいですか」ということです。これが相手の立場に立った、配慮のある応対だと思います。

どんな組織でも、ここまでの電話応対パターン数はわずかです。一度言えるようになったものは、これからの電話応対業務の中で、頻繁に使う機会があるはずです。5パターンでも言えるようになったら、電話応対のスキルがかなり高い人の印象になりますよ。

5．クッション言葉を入れる

相手が求めたことについて、すぐに処理が始められない、または求めに応じられない可能性がある時は、**「恐れ入ります」「申し訳ございません」などのクッション言葉が必須**です。前述の例でいうと、Aの場合です。相手は「院長先生」を出してほしいのですが、このまますぐに院長先生が電話に出られるかどうか分かりません。

下の図のように、最初と最後にクッションを入れました。やわらかくリズムのよい応対になります。「少々お待ちください」のあとにいきなりお待たせメロディが鳴るのとはずいぶん印象が違いますね。

6．それでも待たせる時間には限度がある

いろいろな確認作業を行うにしても、お待たせメロディを繰り返して待たせるのは2回までです。最初に自分で思ったよりも処理に時間がかかりそうなら、**処理の途中でも電話にもう一度出て、現在処理を進行中であることを伝えるか、一度切って、こちらからかけなおす**という案内を入れます。

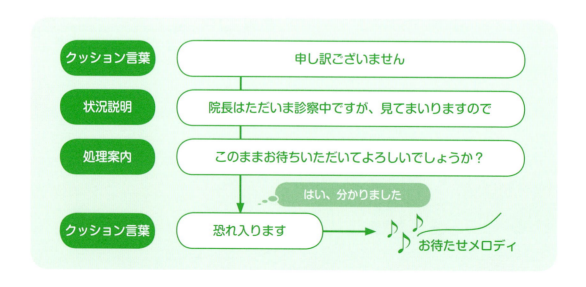

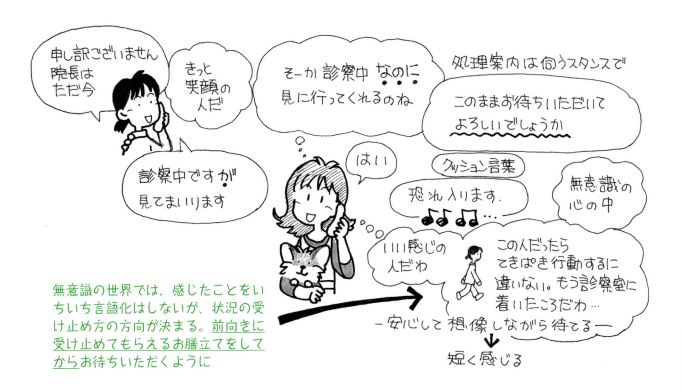

つまり、仕切りなおしてこちらから**かけなおすという判断は1分以内**という認識で臨んでください。この時、相手の情報がカルテやパソコン画面ですぐに見られるのであれば、必ず電話番号をこちらから読み上げて確認、見られなければお尋ねしてメモをしておくことを忘れないようにしましょう。**コールバックの処理案内をする場合は、相手との電話がつながっている間に電話番号確認**をするのが基本です。

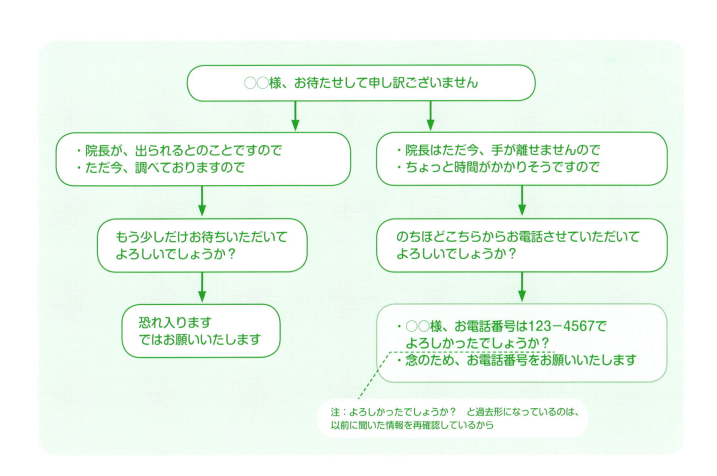

第4章 ② 取り次ぎ電話のコツ

「取り次ぎ」とは、自分で処理できない用件を誰かにまわす処理のことです。まわした人がすぐに対応してくれるならいいのですが、動物病院ではほとんどが獣医師へ取り次ぐことになるため、診察中などですぐに出られないことも多いでしょう。獣医師に飼い主様からの情報を伝え、指示を仰いで、自分がその電話に戻って処理をすることも多いですね。大変だとは思いますが、飼い主様の用件の内容は何種類もあるわけではなく、処理の仕方そのものはパターンとして覚えておけば大丈夫です。

獣医師に処理を早く決断していただくために

獣医師にとって診察中に電話の内容を口頭で伝えられ、その処理をどうするかと考えることは、結構大変だと思います。難しい症状の動物を診察中であれば、ストレスを感じることもあるでしょう。だから、**「獣医師がそのとき判断できないこと」以外は自分が処理できるように電話応対のスキルを磨き、伝え方も工夫しましょう。**

処理案内の方法をあらかじめ下記のようなカードに書き、メモに添えて、診察室で獣医師に見ていただくのも一つの方法です。口頭でも構いませんが、診察中の飼い主様の前で他の飼い主様のことについて長く相談するのは、あまり感じがよくありませんし、考えるよりも選択するほうが簡単だからです。これなら、獣医師はひと目見て「2番」と指示すればよいのです。項目や時間の目処など、それぞれの病院で話し合って決めるのがよいと思います。ただ、あまり項目を増やすと探すのが大変になりますから、「ひと目見て分かる」程度の量にしましょう。

よくある状況の処理案内は選択できるカードを添えて、メモと一緒に先生に見せる

5パターンの処理案内 応対例

①出られるので、待っていてもらう

②今の診察が終わったらコールバックする（15分以内にできる）

③コールバックするが、すぐにはできない（時間不明）

④すぐに来院を勧めてほしい

⑤あとでかけなおしてもらってほしい

○○様、
お待たせいたしました。

✓ 重要

どのフレーズでも最初に飼い主様の名前を呼んで、
こう言います。忘れないでくださいね。

① 院長（獣医師）が出られるとのことですので、
このままもう少しお待ちいただいてよろしいでしょうか？

② 申し訳ございません。院長はただ今、手が離せません。
今の患者様の診察が終わったら、お電話させていただきたいとのことですが
よろしいでしょうか？

2秒ほど間をおいて、飼い主様が
無言なら、自分で下記へ進める

どれくらいかかります？

（はっきりとは分かりかねますが）15分〜20分程度（長めに提示）かと思います。

③ 申し訳ございません。院長はただ今、手が離せませんので、のちほどこち
らからお電話させていただきたいとのことですが、よろしいでしょうか？

2秒ほど間をおいて、飼い主様が
無言なら、自分で下記へ進める

どれくらいかかります？

（お時間をはっきりとはお約束できかねるのですが、）何時ごろならご都合がよろしいでしょうか？

出かけるけど4時ごろには戻ります

では4時以降でよろしいでしょうか？
遅くなっても構いませんか？　夜は何時ごろまでならよろしいでしょうか？

④ 今、獣医師の手が離せなくて、申し訳ないのですが、状況を伝えたところ、
すぐにご来院いただくようお伝えするようにとのことでした。
いらっしゃれますか？

⑤ お手数ですが、おかけなおしいただいてよろしいでしょうか？　午前中の診察
が1時ごろで終わりそうですので、それ以降3時までなら出られると思います。

時間の目処を立てて処理する

「のちほどお電話いたします」と案内し、飼い主様から「ずーっと待っているのにまだか？」とお怒りの電話がかかってきたことはありませんか？ いつも**次の処理がどれくらいあとになるのか、目処を**お伝えしましょう。

コールバックの案内だけをされると、「どれくらいかかりますか？」と聞きたくなるのが自然な顧客心理です。診察しているのだからはっきり分かるはずはないと病院の事情は知っていても、自分よりそこの情報を詳しく知っている人に待時間の目処を聞きたくなるものだということは、p30の「カウンター業務の基本」の中でもお伝えした通りです。ですから、「時間までは分かりません」などという応対をしないでくださいね。飼い主様がそんな答えを期待して質問するはずがありません。**時間提示ができない時は、前ページの③のようにこちらから飼い主様に質問して相手の都合に合わせる努力をする**姿勢を見せることが大切です。また、忙しい先生の立場に立ってみれば、4時ごろ電話するように言われるのと、4時以降9時ごろまでに電話するように言われるのとではストレスが全く違います。エマージェンシーを除き、**獣医師が仕事の優先順位を判断でき、ストレスの少ない条件でコールバックできるように飼い主様から情報を集めておいてくださいね。飼い主様の要望と病院の処理、段取りを調整し、獣医師が治療に専念できる環境をつくる**のが動物看護師の役割の一つなのですから。

また前ページの⑤ですが、すでに行った診察の質問などに対してはコールバックの案内のほうがよいと思います。診察を受けずに症状だけを伝えてこられる方やこちらが顧客になる取引先の人（業者さん）にはかけなおしていただいてもよいでしょう。ただし、何時ごろなら相手の望む人が電話に出られるのか、情報をお伝えしましょう。それが組織で働く人の基本の応対です。

相手の電話番号の確認

飼い主様の電話番号はカルテを見れば分かるからと、聞いていないことはないでしょうか。目の前にカルテがあり、あるいはパソコンの画面が開いていて、**確認できる状態なら、それを見て必ず「お電話番号は123-4567でよろしかったでしょうか？」と再確認**してください。

目の前に確認するものが出ていないなら、必ず「では、**念のため、お電話番号をお願いいたします**」と聞きましょう。「念のため」というのは「以前にお聞きしたことがあるのですが、今、手元に確認するものがありませんので」という意味です。**コールバックをする処理で、電話番号を確認しないというのはありえません。**万が一、名前を聞き違えていたり、入力違いがあったり、記入漏れがあったり、番号が変わっていたりしたらかけようがないのですから。

復唱してまとめる

切る前には必ず復唱して電話の内容をまとめましょう。

「123-4567、山田さん、ハッピーちゃんのお薬の件、院長に申し伝えておきます。私、看護師の〇〇と申します」と**責任の所在を明らかにするため、自分の名前を**告げます。最後に名乗るのは**相手の記憶に残るようにする**ためです。何かを引き受けたら（この場合、院長への伝言）、この件については私が組織の代表として窓口になりますよという意思の表明です。だから、はっきり名乗ってくださいね。

「申し伝えておきます」と言えたら、「社会人として訓練された人」という感じがします。電話応対を一回聞けば、その人のオフィスワークのキャリアがすぐに分かると言われるほどです。ぜひ、使ってみてください。

「はい、かしこまりました」の**最後の「はい」は特に「い」をクリアに言います。**「かしこまりました」と照れなく言える人は、組織人としてのキャリアを感じさせますよ。ときどき「店員さんみたい」と聞きますが、「かしこまりました」はごく普通の応対です。オフィスでも上司やお客様に対してよく使います。「承知いたしました」もいいですね。最後に、電話はいつも**飼い主様が受話器を置く音を聞いてから切ってくださいね。**

●電話番号の確認と復唱

第4章 ③

電話でのクレームを予防する

　「診察が進まないから、電話ではどんな用件かを先に聞いて、急ぎでなければ取り次がず、コールバックすると伝えておいてほしい」と獣医師に指示を出されました。「先生をお願いします」と言われたので、指示通り「どうされましたか？」と飼い主様に尋ねたら「あなたに言っても分からないから」などと言われてしまったことはありませんか？　慌てて「『とにかく先生を…』とおっしゃっているので」と取り次いだら「用件を聞いてからにしてくれと言ってあったはず」と注意されたり……。飼い主様と獣医師の間にはさまれて、「どうしたらいいの？」というような思いをすることもあるでしょうね。診察でなかなか手が離せない獣医師に取り次ぐ動物看護師の電話応対は本当に難しいと思います。

第4章　電話応対

獣医師を名指す飼い主様の気持ち

　「院長先生をお願いします」とか「○○先生を出して」と電話で相手を名指しする飼い主様には、それなりの理由があります。

・何年もこの病院に来ているのだから、自分の用事には、獣医師が出るべきと思っている。
・どうしても、○○先生でないと言いたくないことがある。
・獣医師に直接言わないと不安である。
・以前、動物看護師に伝言を頼んだことがあるけれど、うまく伝わらなかった経験がある。

などです。

　だから「先に用件を聞いて」と出された指示のままに、「どうされましたか？」とすぐに動物看護師のあなたが聞いてしまうと、怒ってしまわれることがあるのですね。用件の内容が分からないままに診察を中断し、不快感を持った飼い主様の応対をしなくてはならなくなった獣医師のほうも大変です。

　飼い主様はなぜ怒ってしまうのでしょう？　この方がまず望んだことは「院長（○○）先生と話したい」ということです。だから動物看護師がここでいきなり用件を

聞いてしまうと、飼い主様は自分の望みをかなえようとする態度が全くない不親切な態度だと感じてしまうのですね。**獣医師からあなたに出されている指示を飼い主様はご存知ありません。**だからカチンときてしまうのです。指示の通りそのまますぐに伝えるのではなくて、**まずは飼い主様の要求をのむ応対を先に**しましょう。

申し訳ございません。院長はただ今診察中ですが、**見てまいります**ので、このままお待ちいただいてよろしいでしょうか？

　すでにお伝えしてあるコメントですから難しくないでしょう。さて、この後、飼い主様がOKをくれたらそのままお待たせメロディにして**院長には取り次がず、20秒ほど放置します。**こうすることで、飼い主様はあなたが自分の要求を果たしてくれる行動をとったことを想像して納得されます。幸い電話ですから、相手にはあなたの様子は見えませんが、待合室に他の飼い主様がいらっしゃるなら、その間は席をはずしましょう。

　その後、電話に戻り、

○○様、お待たせして申し訳ございません。院長はただ今、手が離せませんので、**こちらからお電話させていただきたい**とのことですがよろしいでしょうか？

最初のコメントは相手の期待に沿うように

と院長からの直接メッセージとして伝えてみましょう。飼い主様はそれまでのあなたの応対に納得感があるので、急ぎでなければOKをいただけるでしょう。その後、**カルテを出すために必要な情報を質問**しましょう。電話番号や診察券に書いてある整理番号、動物の名前など、病院によっていろいろ異なるでしょうから、自分の病院に合わせて尋ねてください。

> ではカルテをお出ししておきますので、お電話番号をお願いいたします。

「あなたの用事を進めるためにカルテを出すのですよ」という目的を伝えるため、「カルテをお出ししておきますので」は言い忘れないようにしましょう。パソコン画面で、あるいは実際にカルテが出たら、それを見ながら、相手の情報をやや詳しく確認します。この経過をあなたが**飼い主様の心に近づくアプローチ**と言います。

> はい、123-4567、〇〇ハッピーちゃん、ワンちゃんですね。
> ハッピーちゃん、**今は大丈夫ですか？**

このように、電話番号など、**相手が答えやすい質問を先にして、会話を始めるコミュニケーションの流れを**つくります。アプローチは少しずつですね。一つ答えてもらったら、動物のことに触れ、**急ぎでないかの情報もあわせてとれるように聞いてみましょう**。あなたの応対の仕方に安心を感じ始めていたら、この時点で「この人になら言っても大丈夫だ」と**飼い主様のほうも判断ができる**と思います。

「はい、大丈夫です。昨日下痢の薬をもらったんですが、止まったので、もう飲ませるのをやめてもいいかなと思って……」などと、自分から用件を言ってくだされば、電話応対を通して、あなたを信頼したというメッセージですよ。

> そうですか。**よかったですね**。分かりました。では、お薬のこと、院長に申し伝えておきます。

回復の報告には、喜びを共感する言葉を入れてくださいね。あとは、これまでにお伝えした方法でコールバックをする時間の目処などを確認して、名前を最後に名乗って切りましょう。これで、飼い主様には、院長（〇〇先生）以外にもあなたという、信頼のおける人が一人増えたということになるのではないでしょうか。

メモにはその方が**院長（〇〇先生）**を名指ししたということを明確に書いて伝えましょう。

応対スキルはサービスマインドから生まれる

ところで、「院長や獣医師に取り次ぎもしないで、ただ放置するというのは飼い主様をだますことになるのでは？」と思う方もいらっしゃるかもしれませんね。

そういう方は買い物をしている自分と店員さんの会話を想像してみてください。「Aはありますか？」「ありません」。すぐにこういう返事ではカチンときませんか？「Aですか？ あいにく売り切れてしまったのですが、ちょっと、お待ちいただけますか？ 念のため在庫を確認してまいりますね」と言って、その場を離れた店員さんをどう感じるでしょうか？ 「ないようだわ」と思いつつも、待ってみようという気になると思います。その後、戻ってきて、「申し訳ございません。やはり、売り切れてしまっています。次の入荷は来週の半ばごろの予定です」。こういう応対だと、この店員さんには好意を持ちませんか？ 望んだものがないという現実でも受け入れようという気になります。さらに「お客様、こちらBではいかがでしょうか？」とここで代わりの商品を紹介されたとしても、**自分のために行動し、考えてくれた人の勧めなら、ちょっと見てみようという気にもなります**。「やっぱりAでないとだめ」という結果になったとしても「すみません。いろいろありがとう」とこの人に対して前向きな気持ちを持てるのではないでしょうか。この店員さんは、Aが入荷するまで、「Aをください」と言ったお客様には、絶対に在庫はないということが分かっていても、繰り返し同じ応対をするはずです。これがサービスマインドから生まれる応対のスキルなのです。**ないと分かっていても「相手の納得感」のために行動する努力**を惜しまないでくださいね。

「○○先生をお願いします」と名指しする飼い主様のひと言には、これまでの病院での体験からいろいろな理由や思いが込められているのです。飼い主様の事情、獣医師の事情、病院という組織の事情、それぞれの立場をとらえて、うまく関わっていくためには**まず飼い主様の望む行動をとる、またはとっているように伝える**ことが重要です。

こんな対応で納得できますか？
この人を好きになれますか？

何を言えば相手がこちらが最も伝えたいことを受け入れてくださる気持ちになるか考えましょう。

確認テスト

問1 動物病院での電話応対について適当な記述の組み合わせを、①〜⑤の中からひとつ選びなさい。

A）電話に出るときは「はい、○○動物病院です」と病院名を告げる
B）お待たせする時は必ず「少々お待ちください」と言う
C）待たせる処理が長引きそうなら、一度切ってかけ直すご案内をする
D）カルテのある方でも、かけ直す時は電話番号の確認をする
E）「○○先生をお願いします」と言われたとしても、その飼い主様のご用件を確認するため「はい、どうされましたか？」とすぐに質問をする

① A、C
② B、D
③ A、B
④ C、D
⑤ D、E

確認テスト　解答・解説

問1　解答：④

A：病院名＋職域＋名前を告げる。

B：「少々」は電話では30秒が限度。それ以上待たせる可能性がある時は状況の説明をして、「このままお待ちいただいてよろしいでしょうか？」と待っていただけるかどうか尋ねる。

E：名指しされる方にはそれなりの理由がある。まずは、名指しされた人に取り次ぐ応対をする。

p50「電話応対の常識」参照

第5章 クレーム時の対応

　クレームを言ってくださる飼い主様は、病院やスタッフの成長に期待をしているのです。ショックや不安もあるでしょうが、落ち着いたら、「問題点を具体的に教えてくださり、ありがとうございます」という感謝の気持ちに切り替えて、改善に向かって努力しましょう。社会では、クレーム処理ができるようになって一人前と言われます。

① 不快感情の飼い主様の応対　　　　　　　　　　p64
確認テスト　　　　　　　　　　　　　　　　　　p68

第5章 ① 不快感情の飼い主様の応対

飼い主様の不快感情の大半は「応対のまずさ」が原因です。しかも、何かをしたからというのではなくて、何もしなかったことによる「情報不足」であることも多いのです。情報が不足した状態で放置されていた人は不快感情を積み重ねてきていますから、ちょっとしたことでクレームとなってこちらに返ってきます。だから、クレームの原因はそれだけを見ると、そこまで怒るようなこと？　と感じることも多いのですが、飼い主様にしてみれば何回か我慢してきている経緯があるのです。出来事はそれを表出するきっかけに過ぎません。だから、これまでお伝えしてきた応対の仕方はほとんどすべて、クレームの事前対策だといってよいと思います。

情報は聞かれる前に提供するとともに飼い主様の不便を発見し、できることをヘルプすればプラスのエネルギーが飼い主様の心に注がれて、いろいろ感じたマイナスの思いをさし引いてくれます。小さなミスなら、流してくださっていることも多いのですよ。しかし、飼い主様の感じたマイナスがあまりにも大きければ、相手の不快感情にまともに向き合わなくてはならないこともあるでしょう。

応対の基本処置

不快感情の飼い主様への応対の基本は、次の5つです。

1. 他の飼い主様から見えない場所へ移動する
2. 飼い主様の言い分を傾聴する
3. 解決のための時間をもらう
4. 事実の確認をする
5. 謝罪し、解決へ向けて提案をする

1. 他の飼い主様から見えない場所へ移動する
■ 電話応対の場合

待合室の電話は、受話器がワイヤレスのものを設置することをお勧めします。電話でのクレームならば、**カウンターから受話器を持ったまま離れましょう**。複数の飼い主様がいらっしゃるのに、病院の診療の信用を落とすようなシリアスなクレームをカウンターで長々と応対してしまうのはとてもまずいことだからです。

飼い主様の不快な気持ちを理解するため、そうなった原因や経緯を注意深く聴きましょう

クレームの電話は

カウンターから落ち着いて聴ける場所へ移動しましょう

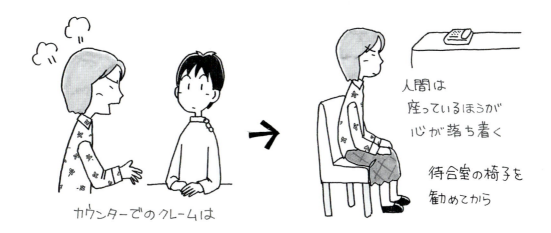

■ カウンター応対の場合

病院に直接来て、怒りをあらわにしている飼い主様の応対はさらに大変ですね。そのような飼い主様の行動には、「自分がこんなにひどい目にあった」ということを他の人にも知らせたいという思いもあるのでしょう。クレームが飼い主様の誤解や勘違い、思い込みで発生していたとしても、待合室の飼い主様たちはたちまち不安になってしまいます。また、その出来事はそこにいた飼い主様たちの感じ方で、別の飼い主様たちに伝えられていくことになってしまいます。**動物病院で提供された治療効果は自分自身で体感できません。**自分の体から情報は得られないし、動物から言葉で報告も聞けません。それだけに**飼い主様たちは、他の飼い主様からの言葉の情報に敏感です。**

・怒っている方は座っていただく

飼い主様が動物の症状について怒っている時、その動物を連れて来ているならば、「○○様、**お話は分かりました。**では恐れ入りますが、院長に報告してまいりますので、おかけになってお待ちくださいますか？」ととりあえず、**待合室の椅子を勧め、座って待っていただきましょう。**そして院長に報告に行き、指示を仰ぎます。

院長も獣医師も診察中であれば、すぐにあなたの報告を聞けない状況かもしれません。そういう場合は、あなたが新人であれば先輩に相談して指示を仰ぎます。この時点で先輩が応対を代わってくれることもあります。**指示を仰いだら、必ずすぐに待合室に戻り、その方に歩み寄って腰を落とし、指示の内容を伝えます**（決して中に入ってしまって、カウンターを無人にしたまま何分も放置しないようにしましょう。怒りが倍増します）。

院長や獣医師から直接、診察や処置をすると伝えるように指示が出たら、「○○様、では○○ちゃんをこれから私どもで診察させていただいてよろしいでしょうか？」とまず尋ねてください。飼い主様が承諾されたら、**待合室から別の場所に案内して**お待ちいただき、そのような状態の飼い主様がいらっしゃることをスタッフ全員に連絡してください。飼い主様から詳細を伺うのは新人でないほうがよいでしょう。

・大声の飼い主様

大きい声で威嚇するように話す飼い主様には特に、「**○○様、恐れ入ります。こちらでお話を伺いますので、お入りくださいますか？」と相手と同じくらいの大きい声でまず言って、方向を指し示し、自分が歩き出します。少し進んで振り返り、ついて来られていたらそのまま、ついて来られていないようなら、「お願いします。どうぞ」と目を見て言いましょう。**そして、やはり**他の飼い主様から見えない場所へ移動していただきます。**

・クレーム応対場所を決めておく

　クレーム時に慌てることのないように、あらかじめ**飼い主様の話を聞く場所を決めておくこと**をお勧めします。指示なしでも案内ができるようにしておくことです。「どこにしましょう？」などと相談している間も飼い主様を待たせることになりますから。落ち着ける雰囲気の部屋が理想ですが、診察室でも、手術室でも、個室のようになっていれば構いません。他の飼い主様にまる聞こえになるカウンターで応対するよりはよほどましです。できれば低いゆったりめの椅子で、テーブルがあるほうがよいですが、折りたたみのパイプ椅子でもいいのでとにかく早く出して、飼い主様に座っていただきましょう。

　ここまでできれば、あとは「○○様、恐れ入ります。少しだけお待ちくださるよう、お願いいたします」と言って、院長、担当獣医師、または現場の責任者に報告に行きます。

　この後はすぐにその人に応対を代われるとよいのですが、忙しくて長くお待たせしそうな時は、指示を仰ぎ、動物看護師がなぜ怒っていらっしゃるのかを聞けるとよいですね。

2．飼い主様の言い分を傾聴する

■ 自分も座って一生懸命聞く

　不快感情の理由を聞く時、もう一つ椅子があれば自分もそこに座っても構いません。なければ、腰を落としましょう。斜め前45～90度くらいのところにポジションをとります。前傾姿勢で「○○様、私、看護師の○○と申します。昨日からひどい下痢をしているということなのですね？」と**自分が理解している範囲でこの人の怒りの原因を確認**します。「そう。昨日の薬を飲んだあとから急にです。薬を入れ間違えたんじゃないですか？」などというのは、想像も混ざっていますから、「昨日お薬を飲んだあと、急になんですね」と飼い主様が述べている中で**事実の現象だけを復唱**します。「こんなこと初めてなんです」、「前の病院でもらったお薬ではこんなことなかったのに」、「かわいそうに、今日はもうぐったりしてるでしょう？」などいろいろ言われる間はただ「**聞く**」**ことだけに専念**しましょう。

■ 声に出して相槌を打つ

　一つひとつに「はい」、「はい」、「ええ」と相槌を入れ、ときどき、身を乗り出して動物を見たり、「初めてなんですね」など飼い主様の言った内容のポイントを繰り返します。

■ 話を繰り返させないで、思い切って先に進める

　飼い主様の話が**ひと通り終わったところ**で、大きめの声で「○○様、お話はよく分かりました。では、これから診察をさせていただいてよろしいでしょうか？」などと受けた指示通りに前に進めます。「では、診察室を見てまいりますので、恐れ入りますが、もう少しだけお待ちくださいますか？」と言って、席をはずし、指示を受けた人に内容を正確に報告しましょう。とったメモも渡します。

3．解決のための時間をもらう
■ 電話の場合

「○○様、お話はよく分かりました。恐れ入ります。この件、こちらで調べて、お電話させていただきますので、**お時間をいただけないでしょうか？**」と間をあけず、**一気に言います**。「15分いただけますか？ 私、看護師の○○と申します」と言っていったん切るようにします。クレームの電話は**とにかく一度切る**こと。「少々お待ちください」などと言って内容確認などをしていると、長々と待たせることになり、一段と怒らせてしまうことになりかねません。

■ 受付で直接応対した場合

「○○様、お話はよく分かりました。報告してまいりますので、おかけになってお待ちいただけますか？」と言って、席をはずします。

いずれの場合も現場の責任者、または院長に報告し、指示を仰ぎます。

4．事実の確認をする

飼い主様に時間をもらうのは、**事実の確認をし、対策を立てて、次の対応に臨むため**です。こちらに非があることもあるでしょうし、あちらの勘違いのこともありますが、飼い主様に約束した時間内に事実の確認をするように最善を尽くしましょう。

また、この時間内には、事実の確認のしようがないこともあるでしょうが、**約束したなら、結論が出ていなくてもその時間までにもう一度電話を入れて、時間延長のお願いを**します。

5．謝罪し、解決へ向けて提案をする
■「申し訳ございません」だけを安易に言わない

クレームの内容が、**動物の状態にかかわるような時に**は**「恐れ入ります」**にしましょう。「申し訳ございません」とあなたが謝れば、病院の処置や判断、処理に非があったということを認めたと受け止められるかもしれません。**事実の確認をするまでは、安易に謝る言葉を発しないように気を付けてください。**

頼んでいたフードの在庫が補充できていなかったとか、待っていたのに電話をかけてくるのが遅いというようなクレームの時には自分がその処理にかかわっていなければ、これもまだ、事実が明確になっていないので、「○○様、お話はよく分かりました。**不愉快な思いをさせてしまいまして、申し訳ございません**」と飼い主様の不快感情に対して謝りましょう。

■ 解決案は具体策を提示する

時間をいただいたあとの連絡の時は、必ず、**解決のための提案**をします。間違っていたものは訂正し、遅れていたものは早急に処理をします。必ず**いつまでに、どのような方法でするか具体的に**伝えましょう。また、飼い主様が一度手間をかけたものは当然のようにやり直しをさせず、コストがかかってもこちらがその分を負担する提案をします。例えば、注文していたフードが入荷しておらず、お渡しできないままお帰りいただく飼い主様には「また取りに来てください」ではなくて、「ご自宅にお届けにまいります」「送らせていただきましょうか？」と、受け取り方法の**選択肢を増やす**ということです。さらに、手ぶらで帰すのではなくて、何か**できる範囲でお土産**をつけましょう。例えば、遅れた日数分以上のサンプルをお渡しするなどです。

■ クレームを解決すれば成長できる

お客様は**自分の不快感情を精一杯受け止め、うまく解決してくれた人やその病院のファンになって**くれます。クレームを発信しない方が決してすべてに満足しているわけではありません。クレームは「解決を期待している」という飼い主様のメッセージ。期待できないと判断した飼い主様は去っていくだけです。クレームは日ごろ、多くの飼い主様が受け流したり我慢してくださっていることなどに気づく大切な機会です。それをチームワークで処理する経験を積むことで、問題解決の能力が高くなり、さらに事前に予防ができるようになるのです。そのクレームの原因が直接自分とは関わりのないことであっても、基本的な初動対応ができればあなたも組織に大きく貢献できます。

グチグチ話を繰り返させない決め言葉

確認テスト

問1 クレーム、またはクレームの対応について適当な記述の組み合わせを、①〜⑤の中からひとつ選びなさい。

A）クレームはこちらが何もしなくても起こるものである

B）大きな声で怒っていらっしゃる方にはすぐにその場で「申し訳ございません」とまず謝るとよい

C）不快感情の方はできるだけ座っていただいて対応するとよい

D）怒っている方の話は相手のペースに合わせ、どこまでも言い終わるまで聞いているのがよい

E）「どのようにさせていただいたらよろしいでしょうか？」と相手のご希望を伺うとよい

① A、C
② B、C
③ A、E
④ C、D
⑤ D、E

確認テスト　解答・解説

問1　解答：①

B：謝る時は、相手の不快感情に対してであることを付け加えること。「ご不快な思いをさせてしまいまして」とか「ご心配をおかけしてしまいまして」など。

D：ひと通り聞き終わって、なぜ怒っていらっしゃるのかが理解できたら、「お話は分かりました」と一時停止をして、謝り、解決のための時間をいただくようにお願いする。

E：解決案はこちらのほうから具体的に提示する。

第6章 動物看護師の接遇

　動物病院の接遇はとても難しいものです。楽しい気持ちの人たちと対応するばかりではないのですから、高い接客技術が必要なこともあります。しかし、接遇にはどんな新人でも必ずできることがあるのです。そこから一つずつ、練習を積み、できることを増やしていきましょう。

① 身だしなみと笑顔	p72	⑧ 電話中の基本姿勢	p85
② カウンターでの接遇の基本	p75	⑨ 電話中の来院対応	p86
③ 手の使い方	p77	⑩ 診察中の獣医師に話しかける	p87
④ セールスマン対応	p80	⑪ お詫び状	p88
⑤ 歩き方	p81	⑫ 「思い」を伝えるふるまい	p89
⑥ 話しながらの記述	p82	確認テスト	p92
⑦ お金の受け渡し方	p83		

第6章 ① 身だしなみと笑顔

> 身だしなみと笑顔の意識は「接遇」の基本です。まったく同じ言動をしても、相手に伝わる印象が全く違うからです。簡単なようで実はこの二つを毎日毎日、必ず実行することはとても難しいことです。どんな職種であったとしても、この難しさをクリアしている人がプロになっていけるのです。

ユニフォームの伝えるもの

その人の社会的役割を伝えるのがユニフォーム。私的な好みで選んだものが見えないように着用しましょう。また、たとえわずかであっても血が付着したものを着て飼い主様の前に出ないように気を付けてください。多くの人は血を見るとギョッとして不安になります。

髪は職業意識を表す

私は多くの動物看護師と接する機会がありますが、最も気になるのが「髪」。明るすぎる色の人がいらっしゃるようです。例えば、美容師やスポーツインストラクターなど、ファッションやアウトドアのレジャー産業に従事する人たちは髪色がかなり明るくてもお客様はOKを出すのですが、医療や福祉、教育などに携わる人たちにはOKを出さない人が多いのです。自分の望むイメージに合わないからですね。

職業の特性について客観的によく理解し、世の中のニーズに応えられるよう判断できるのが「プロ」です。医師や看護師、歯科衛生士などは髪の色が明るいだけで、「インターン」「学生アルバイト」だと思われてしまうこともあるくらいです。印象がマイナススタートだと、よほどの対応力や「プロ」としての技術を相手にアピールしない限り、厳しく判断されてしまいます。

また、二つに結ぶスタイルは幼く、未熟な印象を与えます。長い髪は仕事中は一つに結びましょう。子どもと同じような髪型で仕事に臨むと、自分自身の心理的成長の妨げにもなります。**パピークラスの進行役など、特に**

飼い主様教育にあたる説明業務を担う人には、幼い印象の髪型はぜひ避けていただきたいと思います。幼く見える人に重要なことを質問しようという気になりませんし、そういう人の説明は説得力を欠きますから。

さて、首を折って下を向いてみてください。前髪と横の髪が下に垂れてきませんか？ こういう人は、どんなに笑顔で頑張っていても、その努力は髪のカーテンに隠れて見えません。また、首を振ったり、手で髪を触ったりという無駄な動きを一日のうちに数えきれないほどしていることになります。自分自身の集中力を失わせるばかりか、「仕事ができる」「清潔」というイメージからは程遠くなってしまいます。これでは後ろの髪を一つに結んでいても何もなりません。スタイリング剤を使って、**どのような動きをしても、髪が顔にかからないように工夫してください。**動物が耳を立てるのは、注意深く音を聞くためですね。人間も仕事中はしっかりと耳を出して情報をもらさず聞き、正しく判断をしようとしている心構えを示しましょう。

笑顔は「受容」のメッセージ

ずばり、**笑顔のコツは顔の筋力トレーニング**です。「笑顔で頑張ろう」と決心したとしても、「ホームランを打とう」とか、「シュートを決めよう」と思うのと同じで、思ったからできるというものではありません。必ず練習が必要です。

リラックスして鏡を見ましょう。「はい」と言って、3秒間じっとしてください。口が閉じていませんか？ あるいは「お待ちください」と言ってみましょう。何か言

ったあと、いつも自然に口が閉じてしまう人は、顔の筋肉をすぐに緩めてしまう癖があるのです。力を抜いた顔は無表情となり、これがいちばん「コワイ」印象を与えます。

顔の力を抜き、鏡の中の自分を見てください。自分でもかなり「コワイ」はずです。そんなつもりはないのに、「無愛想」とか「怖い」と受け止められてしまいがちな人は、表情筋に力がなく無表情になってしまいやすい人です。相手は「何を考えているか分からない＝応対できない」と不安になってしまいます。自分の顔は鏡なくして見ることはできませんね。**自分がどういう顔をして人と接しているのか、最も分かっていないのは自分自身**だということを認識しましょう。

「い」の発音は、笑顔の表情と同じ筋肉を使います。この表情筋を鍛えましょう。「はい」「ください」と言い終わった時、唇を精一杯横にグッと開いて３秒間キープします。これが「伝わる笑顔」の表情です。歯は白いので人目を引きやすいですね。他人と応対する時にはいろいろと考えなくてはならないことがありますから、いちいち「さぁ笑顔で」などと考える暇はないでしょう。**「唇の両サイドの筋肉を横にぐっと引く」という意識が大切**

なのですが、いつも笑顔の人は筋力が強く、それが無意識にできている人なのです。筋肉は使えば使うほど鍛えられますから、いつも笑顔の人は話しながらますますにこやかな表情になっていきます。しかし、口が自然に閉じてしまう人が笑顔で話せるようになるには、野球でいえば素振りから練習しなくてはなりません。

「ういういうい……」と鏡を見ながら言ってみましょう。唇だけではなく頬の筋肉を精一杯すぼめたり、横に引いたりしながら言うのがコツです。声は出したほうがいいですが、筋肉の動かし方が分かったら、出さなくてもいいのです。それならいつでも練習できますね。一日に数回行いましょう。お勧めはトイレの中です。自宅なら、壁やドアに鏡を置き、「笑顔トレーニング」と書いた紙を貼っておくと忘れないでしょう。みんなで練習するならスタッフルームでもいいですね。それなら院長先生にも参加していただけそうです。さらに豊かな表情をつくるには、「あえあえあえ」「おうおうおう」など、「あいうえお」の組み合わせなら何でもOKです。

笑顔は「あなたを受け入れます」「あなたがいて、私はうれしい」という気持ちを伝えるメッセージです。

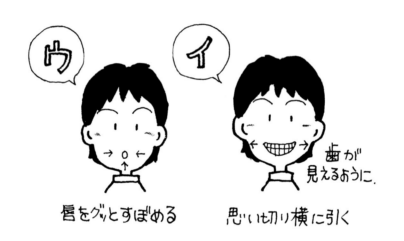

第6章 ② カウンターでの接遇の基本

接客カウンターは腕を伸ばしたくらいの距離が相手とできるように作られています。お互いのパーソナル・スペースを確保しながら向き合える距離ですね。カウンターをはさんで向き合うと初対面の人とでも安心して対話しやすいのです。このようなことを踏まえて、カウンター接客の基本の振る舞い方を学びましょう。

カウンターでの立ち方

カウンターの高さはおへそから、肋骨の一番下の間の高さが最も作業しやすく、立っている人を美しく見せます。この範囲の高さであれば、**カウンターに手をついておじぎをしてもOK**です。手をつく時は必ず、肘から前だけにしましょう。肘をつくというのは、足でいうと膝をつくのと同じですから、上半身の俊敏な動きは不可能になります。つまり、「休憩」の姿勢なのです。接客中にリラックスしていけないことはありませんが、仕事をしている側が、相手よりも深い休憩の姿勢をとってはいけません。顧客心理状態の方には、不快な姿勢です。

手をついて、**やや前傾**が基本姿勢です。常にこの姿勢を保つ必要はありませんが、特に対面している相手が同意書など、こちらの要望に応じて書類に目を通したり、記入をしている時や相手が財布を出すなどお金を支払う準備をしているのを待つ時は、この姿勢で待ちましょう。

おじぎの基本

1. すばやく腰を折る

おじぎは「頭を下げること」という認識が多いようですね。日本の文化として、精神的な構え方や本来の意味からはそれで正解なのですが、実際の身体の動きとしては、「**腰を折ること**」です。思い切りすばやく折ることできばきばきとした印象が伝わります。**首は折らないように**します。首を折る姿勢は次の行動に移りにくいために、がっくりとうなだれ、勢いのない印象として伝わってし

まうので、「仕事ができる」イメージと結びつきません。おじぎをしながら相手を見ると上目遣いになり、かなり不気味ですから床を見るようにしましょう。

2. ゆっくり起こす

多くの人がおじぎは頭を下げて終わりと考えているようですが、**下げた頭を元に戻して終わりです**。頭を上げきれないで、次の行動に入るとうつむいて仕事をしているように見え、暗い印象が伝わってしまいます。すばやく腰を折り（頭を下げ）、そして下げた時より、ややゆっくりと起こせば丁寧な感じが伝わります。

カウンターでのおじぎの仕方

カウンターでのおじぎは「浅く、丁寧に、すばやく、笑顔で」。視線を相手からはずし、下を見るのが基本ですが、カウンターは作業台ですからすぐに診察券を受け取るなど、多くの場合、次にしなくてはならないことが控えているでしょう。深いおじぎのほうが丁寧ですが、そのために相手に待ち時間ができては何にもなりません。「こんにちは」という親しさ優先の挨拶をするならば、相手と合わせた目をはずさない程度に浅く折るほうが自然です。カウンターの上の空間で、**上半身だけを相手に近づけて、やや前傾**になり、相手をよく見よう、相手の話を熱心に聞こうという気持ちを込めた行動がカウンター接客でのおじぎです。

第6章 動物看護師の接遇

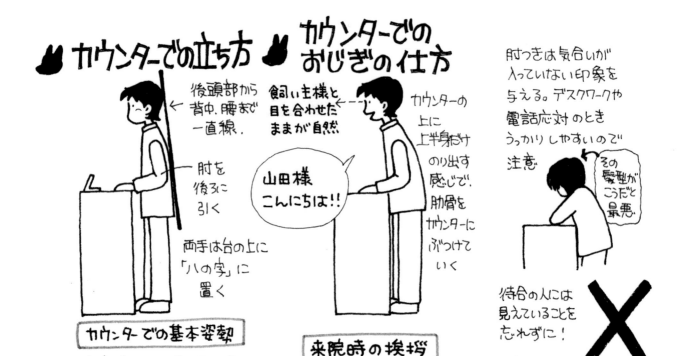

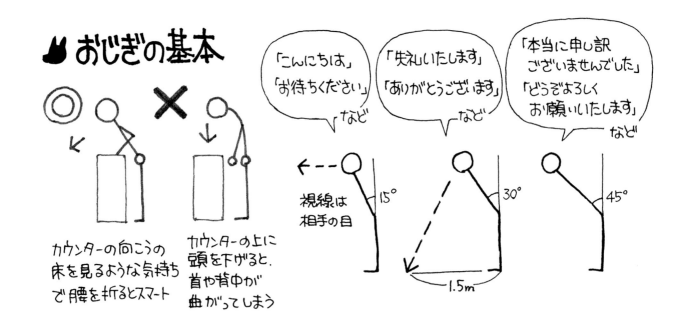

第6章 ③

手の使い方

　人間は進化する過程で二足歩行をすることができるようになり、その結果、手が自由になりました。自由になった手でいろいろなことをするようになったからこそ、人間は圧倒的に他の動物とは進化のスピードが違います。「手」をどのように使うかは人としての能力を最大限に発揮することでもあります。

手が伝えるもの

　手の動きはその人の印象を伝えるのに重要な働きをします。すごいスピードでパソコンのキーボードを操作している人は、仕事ができそうだという感じがしませんか？

　受付では事務処理も多いもの。待合室から診察室が見えない病院がほとんどでしょうから、カウンターで仕事をする姿は待合室にいて、進捗情報を求めようとする飼い主様たちの注目の的になっています。飼い主様は椅子に座っていても15分以上待ったあとでは、スタッフののんびりした動きを見ると、待たされているのは段取りが悪いからではないかと思い始めてしまいます。診察に時間がかかるので、カウンター業務をスピーディーにしても待ち時間は同じなのかもしれませんが、**受付の人の動きは、診察室の人の動きを想像させます**。せっかくの細やかで丁寧な診察も、段取りが悪い診察というイメージ

カルテなどさっと取り出し、さっとしまう

手は早く動かす。文字通り「手早く」ですね

長く待っている時に、じーっとしている

何かやっているのだが、カウンターに隠れて手が見えないから何もしていないように伝わってしまう

になってしまうくらいなら、受付には誰もいないほうがマシなのです。受付カウンターにいる人は、**手の動きが目立つ仕事をしているほうがてきぱき感が増します**。カルテを出し入れしたり、レジやパソコンのキーボードを打ったりするのは文字を書くより、手の動きが目立つ仕事ですね。手の動きはスキルの象徴でもあります。このような仕事は**手を動かすスピードを意識**しましょう（不思議なもので、足を早く動かす、つまりバタバタ走り回られると、不安になってしまうものなのですけれど）。人間は心の動物ですから、受付の人がてきぱきしていると、飼い主様は「この病院を選んでよかったんだ」と自分の判断を認めることができ、「待っている」現実への心理的負担が軽減されます。こんなにみんながてきぱきと動いているのなら、**「待つだけの価値」がある**という判断をするのです。

書類提示

「手当て」は医療に携わる人の仕事。傷ついた場所に手を当てられるだけで癒やされる感じがします。人間の**手には大きな力がある**のです。皆さんはいつも多くの動物たちに、時には飼い主様に手を当て、その力とエネルギーを注ぎ込んでいます。傷に当てるのは当然「手のひら」ですが、**接遇ではこの温かいエネルギーを出す「手のひら」をいつも相手に向ける**のです。どうぞと促したり、ここですよと指し示したりする時はいつも**手を開いて、手のひらが上**です。指を揃えてつけるのは指の間からそのエネルギーを漏らさず、その人に向かって集中していますというサインです。

例えば同意書を提示する時、「こちら同意書になっておりますので、よく読んでお名前をお書きください」と言って、カウンターの上にペンを置くのはどうでしょうか。ちなみに、「同意書になっております」というのは、バイト語です。また、同意書に署名するのと、申込書に名前を書くのとでは、意味が違います。自分でも同意書をよく読んで、書類の持つ意味を考えて言葉を選びましょう。

さて、このような書類提示の時にもできるだけ「手の動き」を見せながら行うと印象がぐっと変わります。飼い主様とはカウンターをはさんで**やや前傾で正対**します。「恐れ入りますが」と**言いながら、手のひらを上にして書類をもち、水平にまわして相手の方に向けながら**カウンターの上にまっすぐ置き、「こちら同意書で（ございま）す。よくお読みになって、よろしければ、ご署名（サイン）をお願いいたします」と言います。そして**言葉に合わせて、**読んでもらいたい箇所はその範囲が分かるように、**利き手の手のひらを上にして指を揃えて伸ばし、中指の先でぐるり**と囲みます。記入欄は「ここ」と分かるように署名の位置を**中指の先で指し示し、書く方向にスッとスライド**します。つまり、案内の言葉を言っている間、ずっと手を動かしてみせるのです。ただし、動かしすぎたり、同じ動きの繰り返しはわずらわしく感じますから、これ以上の動きは不要です。

記入箇所を指し示したあと、ラインの上で始点をポイントし、書く方向へスライドさせる。親指を開かないように

ペンはカウンターの上から取り上げて、相手の手が出てきたところに**スッとなじむように「手渡し」**をしましょう。カウンターの上に置く人も多いようですが、飼い主様と物理的につながる瞬間がある応対のほうがずっと信頼関係が深まるものです。さて飼い主様が書き終わったら、「はい、では少々お待ちください」という応対はどうでしょうか？　こちらの依頼を受けてくださったのですから、「ありがとうございました」とお礼を言い忘れてはいけませんね。この時、書類を**両手で少し引きながら、**おじぎをするとよいですね。

「万が一、私のペットが命を失うようなことが起こっても文句を言いません」ということに同意する署名をいただいた書類です。それはつまり、「ここの病院の皆さんを信頼します」ということなのですよ。「はい、では少々お待ちください」だけではいけないというのが分かりますよね？　カウンターの上に放置しないで、**その人の目の前で「受け取る」動作**をきちんと入れましょう。

ところで、書類の上を手のひらでポイントする時、ペンを親指と手のひらにはさんだままの人を多く見かけますが、**何か道具を持って手で案内をするのは接客のタブー**です。手に何も持たない＝相手を傷つける道具を持たないということですから。「道具（特に尖ったもの）を持った相手」には、本能的に不安を感じます。病院は、はさみやら、メスやら、何か分からない機械や道具をたくさん持って、私たち来院者に近づいてくる人ばかりです。**その人たちへの強い信頼なくして、受け容れることはできません**ね。どうか飼い主様の安心のために、ご自身の接遇スキルを磨いてください。

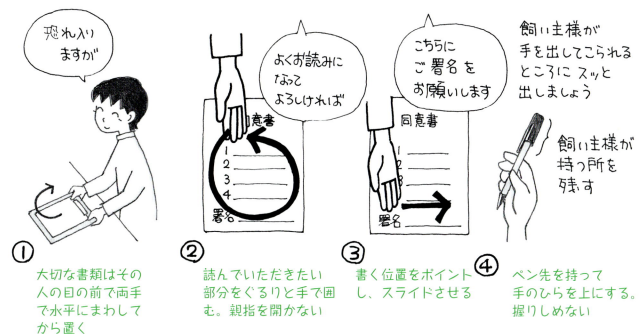

① 大切な書類はその人の目の前で両手で水平にまわしてから置く

② 読んでいただきたい部分をぐるりと手で囲む。親指を開かない

③ 書く位置をポイントし、スライドさせる

④ ペン先を持って手のひらを上にする。握りしめない

ポイント!! **手の動き**をたくさん見せること

飼い主様に記入していただいた書類は両手で手前だけを少し持ち上げて肘を後ろに引きながら、カウンターのこちら側を引きよせ「受け取り」の動作を。同時に腰を折ってほんの少しだけ「やや前傾」します。深々とおじぎをすると仰々しくなるので注意。「ありがとうございました」は「小さな声ではっきり」言いましょう

肘を後ろに引く

第6章 動物看護師の接遇

第6章 ④ セールスマン対応

　受付には、入ってくる人をチェックして、組織の中で重要な仕事をしている人たちによけいなストレスをかけないようにするという役割もあります。セールスの「お断り」は難しいですが、受付の重要な仕事の一つです。受付で断れないと、診察を中断して他の誰かが応対しなくてはならなくなりますね。ビジネスマナーの基本を盛り込んだ応対をすることで、待合室にいらっしゃる飼い主様へあなたのきびきびした印象も伝わります。

　初めて来たのに名刺も出さないような人がセールスマンと分かったら、話している途中で遮って、「いえ、うちは結構です」と即、断りましょう。最初にNOを言うのがコツです。「いいえ」でなく「いえ」です。**名刺を出されたら両手で受け取り、胸元にキープしたまま**応対します。「院長先生を」などと名指しされたら、**「失礼ですが、院長とはお約束でしょうか？」とアポイントメントの有無を確認**します。これだけで相手もあなたに一目おきます。アポイントメントがあるならそこで待っていただいて、名刺を持って行き、取り次ぎます。アポイントメントがないなら、おそらく飛び込みのセールスです。相手の話が長いなら、途中でも構いませんので、「つまり○○の案内ですね？」と自分でまとめて切りましょう。「セールスではありません」と言う人もいますので、「案内」がいいと思います。目処は20秒以内です。最初から飛び込みセールスは断るように指示をされているなら、続けて「今は間に合っておりますので結構です」「契約しているところがありますので結構です」と**即座にきっぱり**言いましょう。間をおくと話し続ける人もいますので、**相手の目を見て、大きめの声で言うことが大切**です。躊躇したり、声が小さかったり「間に合ってますので……」と最後まで言い切らない話し方をすると、強気で話し続けたり、中に入っていこうとする人もいるほどです。相手に断るパワーがないと見抜くと、こういった行動に出やすいのです。

　「そうですか。分かりました。また機会があればよろしくお願いいたします」と潔く、丁寧におじぎをされるセールスマンには、こちらもにっこり笑っておじぎをしましょう。「すみませんね」と言ってもよいでしょう。お互い仕事をするもの同士、ほんの少しの時間でも笑顔を交わせる応対がいいですね。自分自身の心が前向きになりますし、その様子を見ていた飼い主様たちからあなたの応対技術を評価されることでしょう。

セールスマンとの応対も飼い主様へのアピールになる

第6章 ⑤

歩き方

　自分が問題なく歩けていれば「歩き方の見え方」を意識する人はほとんどいないでしょうし、そのための練習もしたことがないのではないでしょうか。しかし、歩き方とそのスピードにはその人の心の状態がとても現れています。あなたの健康にも影響します。立ってする仕事に従事する人は、身体に負担をかけないように歩きましょう。それが知的で美しい歩き方です。

音なく、伸びやかに歩く

　立って歩き回る仕事をする人が音の出る靴を履いていると、一日中数え切れないほど音を立てていることになります。人間よりはるかに聴覚の鋭い動物たちがたくさん訪れる病院では、誰よりも彼らのために音の出ない靴で仕事をしていただきたいと飼い主の一人としても希望します。

　歩く時は胸筋を開きましょう。両肩が耳より前に出ている時に胸筋は閉じ、頼りなく、やる気なく見えてしまいます。立って手を前に組み、そのまま肘を少しだけ後ろに引いてみましょう。両肩の位置が耳の真下、身体の真横に移動し、胸筋が開くのが分かると思います。その状態で組んだ手を解いて、自然に振って歩いてみましょう。さらにいつもより3センチ前にかかとを出すようにします。**前に出した脚の膝を伸ばしきる**つもりで。スリッパやサンダルだとできません。脱げないように足先を無意識に調整してしまうからです。膝が曲がったままの歩行は幼稚に、人によっては反対に老けて見えてしまいますので勢いがなく、よちよちと歩いているような感じがしてしまいます。

　仕事中に「歩き方を考えながら歩く」なんてできませんから、レッスンはそれ以外の時にしましょう。時間もお金もかからない通勤タイムをお勧めします。朝の往路がよいです。仕事に臨む気持ちも前向きになりますよ。10日ほどそれを続けたら5センチ、10センチとさらに歩幅を広げて同じリズムで歩いてみます。10センチだと初めはきついと思いますが、同じ歩数とリズムで長い距離

が歩けるように身体に馴染ませておくと、仕事中にばたばたと走らなくても速やかに移動できるようになり、落ち着いて、しかもてきぱきと動いている印象が伝わります。「歩く」とは仕事中、最もたくさんする行動ですよね。つまり、効果を発揮する機会がものすごく多いということです。

　ウォーキングは体中の筋肉をバランスよく鍛え、心肺機能も高める上に、その人をいつも一段と素敵に見せてくれますよ。洋服やバッグ、靴、そしてお化粧にもとても気合が入っているのに、膝を曲げたまますり足、スリッパ歩きのお嬢さんたちを街中でたくさん見かけます。せっかくの気合もファッションへの投資も台無し。本当に残念だなあと思います。

　二足歩行は人間の特技です。足は大きく伸びやかに動かし、手はスピーディーに細やかに動かして仕事をしましょう。自信にあふれた動きにより心理的に安定するのは、相手だけではなく自分もなのです。自信とは自分を信じる力です。

自分の歩き方をチェックしてみてください。携帯電話の動画で撮ると分かりやすいですよ

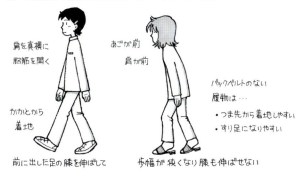

第6章 ⑥ 話しながらの記述

　　二つの動作を一緒にするところが接遇技術の醍醐味です。相手の存在、どのように見えているかを認識している人の、身体の置き所や視線、道具の使い方はとても洗練されています。日常、頻繁に使う道具を持って話す時の応対を練習しましょう。

Ⓐ　質問するための書類はクリップボードにはさんで飼い主様と向き合います。
Ⓑ　クリップボードは胸の前で45度くらいの角度で持ちましょう。
Ⓒ　眼球だけを動かして、相手の目を見て質問、記録を交互にします。
Ⓓ　クリップボードで自分の顔の一部を隠してしまわないようにしましょう。

飼い主様とクリップボードの両方とも首の角度を変えずに、眼球の動きだけで見られるように

飼い主様から顔が全部見えないのは×
相手との間に壁をつくるようなものです

Ⓔ　体に対して90度に持つと、顔が下を向いてまぶたが閉じてしまい暗い印象になります。さらに、顔の位置をそのままにして飼い主様を見るとにらみつけるような表情に。

Ⓕ　待合室などで座っている飼い主様に質問する時は、斜め前方に場所をとり、腰を落として。

腕の長さくらいの範囲は"親しい人"が入ってくるとうれしいスペース。この範囲に近づくと親近感がわく

相手より高い位置から見下ろすのは「支配したい」気持ち。間近でこのようにされると威圧感がある。真正面は相手の行く手をさえぎり、「対決」を挑むポジション。足を横に開くのも自分を大きく見せて「支配したい」気持ちを表す態度となる

第6章 ⑦ お金の受け渡し方

どんな職種であっても社会生活ではお金を扱う業務は欠かせませんね。お金は支払ってくださる方が社会に投入したエネルギーなのですから、精算は出会った人とのエネルギー交換なのです。大切に受け渡しをしましょう。それが自分のエネルギーも大切に扱うことにつながります。

　飼い主様がお金を金銭トレイに入れてくださったら、お札を目の前で確認します。「はい、一万円（札）、お預かりいたします」、あるいは「はい、では五千円（札）と6、7、8,000円……」と持ち上げて数え（数え方は自分のやりやすい方法で結構ですが、必ず相手に見せながら数えましょう）、小銭はトレイの中でお互いがいくらあるか見やすいように広げて確認します。「8,650円丁度いただきます」と言って、お札をトレイに返し、両手でトレイを引きます。手はずっとカウンターの上に出したままです。

　おつりをレシートとともにトレイに並べて入れ、「1,350円お返しでございます」とトレイを相手のほうへ両手でスライドします。飼い主様がお金を財布から出す間は、やや前傾で正対して待ちましょう。お金を支払う時、「私はお客、大切に扱って」と顧客心理状態がピークになるからです。

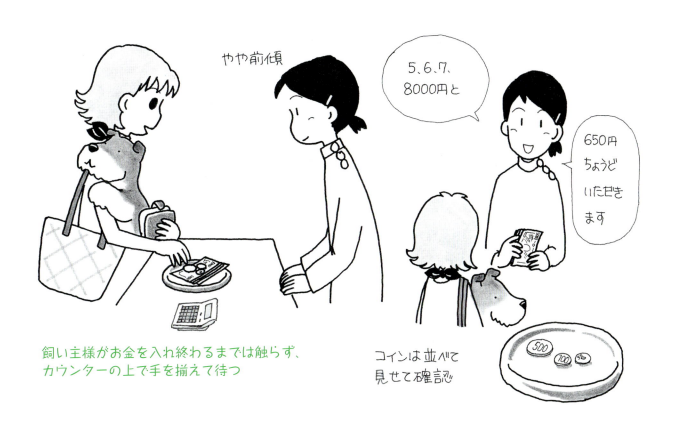

飼い主様がお金を入れ終わるまでは触らず、カウンターの上で手を揃えて待つ

コインは並べて見せて確認

五千円札に注意

お釣りをお渡ししたら、「え？ 今一万円札を渡さなかった？」と言われることがあるのが五千円札です。レジに入れてしまったあとに、そう言われたら、かなりやっかいなことになりますよね。五千円以下の精算で、相手が出したのが五千円札ならば、意識してかなり大きめの声で「五千円札ですね。はい、五千円お預かりいたします」と2回くらい確認する習慣をつけておいたほうがいいでしょう。受け取った側が一万円と勘違いして、お釣りをたくさん渡してしまうこともあるようです。使用頻度が低いので、「千円ではない」＝「一万円」という認識をしているためです。くれぐれも五千円札には気を付けましょう。

療法食など大きなものを袋に入れてお渡しする場合は、袋に入れる前、もしくは入れてから少し袋を開けてみせて、「○○3kg一袋です」と言って、商品名を飼い主様に現物で確認していただくようにしましょう。

フードのように大きな荷物がある時には「お薬もこちらの袋にお入れしてよろしいでしょうか？」などと飼い主様の都合を聞きます。もちろん、「はい」と言う人が圧倒的に多いのですが、「あ、薬はこっちのバッグに入れます」などと言う方がときどきいらっしゃると思います。こだわるところは人によって違うものです。お客様が不満を感じるのは、**自分のやり方にこだわるところで、自分の思い通りにしてもらえなかった時**です。最後の最後に感じさせてしまう不満は小さくても長引いてしまい、これまでの苦労が水の泡になります。薬がとても貴重だった世代の方たちの中には、「薬は特別なもの」という感覚の方がときどきいらっしゃいます。小さなものですし、他人に入れてもらったものは記憶に残りにくいので帰宅後、「どこに入れたかな？」と探したりすることもありますから。ちなみにスーパーでは、「お刺身のパックと野菜は同じ袋に入れないで」などとそれぞれの商品の入れ場所にこだわる方も結構いらっしゃるようです。何も言わずに、何もかも一つの袋に入れて渡していた人は、ちょっと気を付けて尋ねてみてくださいね。

袋をお渡しするのは、飼い主様が持つ部分を自分の手で持ってふさがないように注意しましょう。

手さげ袋は持ち手の部分を持たずに渡す

第6章 ⑧

電話中の基本姿勢

> カウンターで電話に出るあなたの態度は、待合室の飼い主様から見えています。電話の方に夢中になり、うっかりと姿勢が崩れすぎてしまわないように注意しましょう。メモの置き方に注意するだけで、ずいぶん印象が変わりますよ。

Ⓐメモは、文字を書くほうの手のひらで押さえて書けるように練習を。受話器を持った手の肘で押さえると、とても態度が悪く見えてしまいます。

Ⓑカウンターで電話を受けている時は、メモを30センチほど身体から離すこと。視線はいつでも来院のほう、待合室のほうに向けられるようにしましょう。電話をしているからといって、カウンターに近づいてくる飼い主様に何の反応も示さないのは失礼です。そうすることで電話中でも、来院の方に笑顔を向けたり、おじぎくらいはできるようになります。

Ⓒ飼い主様にご案内をする時、ペンを持った手で指し示さないように気を付けましょう。

第6章 ⑨ 電話中の来院対応

> 飼い主様は電話中でもご来院されますね。電話で話しながら、笑顔を向けたり、可能なら診察券を受け取ったりするのがカウンター業務の基本です。何よりも「自分は電話中だから他のことはしなくてもよい」という気持ちを持ってしまうと、全く何もできなくなります。二つの業務を同時にこなすことが接遇です。

　電話中に来院された飼い主様は「来ましたよ」とアピールしたくて、あなたを見たり、カウンターに近づいたりされます。メモをとるために真下を向いていたり、髪が下がって視界が狭くなっていたりすると気づきませんね。頭がカウンターより低い位置で電話応対をしていたらなおさらです。また、気づいていたとしても、あなたが無表情で話し続けていれば、飼い主様はどうしたらいいか、自分で考えなくてはなりません。**電話中でも来院の方に反応する行動を必ず入れて**ください。少なくとも目を合わせておじぎをし、「ご来院に気づいています」とメッセージを送りましょう。

　電話応対に慣れている人は、電話中でも飼い主様を手の動きで椅子に案内し、**カウンター前で待たせない**ようにしましょう。その後、カウンターから待合室に抜けて行けるなら**自分がカウンターから出て、診察券を預かりに**行きます。

　飼い主様が診察券をすでに出していらっしゃるのが見えたら、すぐに受け取るようにしましょう。受話器を持っていますので、片手でも構いません。必ず目を合わせて笑顔で受け取りましょう。受け取る時や案内する時は**思い切ってぐっとカウンターの上に上半身を乗り出す**ようにします。その人へ積極的に近づこうとするエネルギーが伝わりますよ。

カウンターに向かって着席するタイプのデスクはカウンターが壁になり、一段と飼い主様の接近に気づきにくいので、注意

電話中はグーッとカウンターの上に上半身を乗り出して、手を伸ばし、診察券を受け取りに行く。思い切って大きく動いて

第6章 ⑩

診察中の獣医師に話しかける

集中して仕事をしている人には話しかけづらいものです。ましてや診察中など、その場に飼い主様がいらっしゃるならなおさらですね。しかし、そこを中断しても伝えなければならないことも業務の中では出てきます。待っていてもなかなか振り向いてもらえなそうもない時、どうすればいいのか知っておきましょう。

相手の視野に入るのがコツ

自分の応対をしている相手が、電話が鳴ったからといって当然のようにあなたとの話を中断して電話に出たらいい気持ちはしないものですよね。緊急の電話ですぐに獣医師に伝えなくてはならないことが起こったら、**飼い主様は長い間待って、やっと受けられた診察を中断されることになってしまいます**。そのため、獣医師に連絡するために診察室に入ったら、**必ず飼い主様を見て、「恐れ入ります、ちょっと失礼します」という気持ちで会釈**し、口頭で長く話し込まなくてもすむようにメモを見せましょう。先生の指示を仰いだら、去り際に飼い主様に**「失礼しました」ともう一度会釈**をします。言葉に出さなくてもいいですよ。そういう表情ができたらOKです。表情で伝え切れないと思ったら、きちんと言葉に出しましょう。

仕事に熱中している人に話しかけたい時はまず自分がその人の視野に入るところまで移動する

診察を中断される飼い主様には必ず目を合わせて、会釈を

第6章 ⑪

お詫び状

時には飼い主様宛てに、気持ちを手紙で伝えなければならないこともあります。飼い主様の特別なご厚意に対してのお礼状、こちらの手落ちで起こった出来事に対するお詫び状などです。口頭するお礼やお詫びより、はるかにきちんとした印象が伝わります。

ご注文のフードを取りにご来院の飼い主様へ、こちらの手違いによる在庫不足でお渡しできなかった場合

通常のように、フードと請求書だけを送るのではなく、改めて**お詫び状を添えましょう**。すでに電話でお詫びを伝えたからよいということにはなりません。さらに同じトラブルが起こらないように、その件については詳細を説明してご理解いただく機会にしましょう。もちろん、うっかり「送料」まで請求しないように気を付けてくださいね。

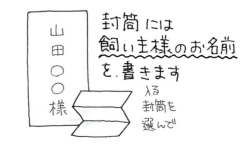

お詫び状は他の必要書類と一緒に入れてもよい

封筒には飼い主様のお名前を書きます

入る封筒を選んで

- お詫び状は、パソコン入力で構いませんが、飼い主様の名前だけが手書きで、後は入力された文書では大変失礼です
- その人だけに宛てた表現の書き出しで、ますお詫びを
- 明細書を別途入れること
- 支払い方法が振り込みだけだと怒りが倍増します
- 詳細な説明を
- 締めくくりで再度お詫びを

手紙を書いたら必ず、院長、またはしかるべき人に見せて、これでいいかどうか確認をとってください。ミスの内容によっては、動物看護師の名前だけでは適切でないものもあります。OKが出たら、**コピーをとり、飼い主様へのお手紙のサンプルファイルを作っておく**とよいですね。どのような状況でのお手紙なのかもメモして一緒に保管しておきましょう。

平成○年○月○日

○○○○　様

○○動物病院
住所
TEL/FAX/E-mail

先日はわざわざお越しいただきましたのに、○○ちゃんのフード、お渡しできず、本当に申し訳ございませんでした。

本日別紙の通り、ご注文分を送らせていただきました。ご精算についてはお振込用紙を同封いたしておりますが、次回お越しいただいた時でも結構です。ご都合のよいほうでお願いいたします。

○○（フード名）はメーカーに在庫があれば、注文いただいた日の翌々日には当院へ配達されますが、土・日・祝日は配達がありませんので、さらにその翌日になります。在庫がない場合もございますので、4〜5日前にご連絡をいただければご希望の日にお渡しできます。飼い主様にできるだけ新しいフードをお渡しするため、このようにさせていただいております。

今回、説明不足でご迷惑をおかけしてしまいました。今後はこのようなことがないように気を付けますので、どうかご容赦をお願いいたします。なお、ご注文と同種のフードサンプルを○日分と、○○のサプリメントも同梱させていただいております。よろしければお試しください。
今後もどうぞよろしくお願い申し上げます。

動物看護師　○○○○

第6章 ⑫

「思い」を伝えるふるまい

> 私は長年、サービス・接遇教育に携わってきましたが、動物病院の接遇に取り組むようになって気づいたことがあります。それは接遇スキルとして伝えられている動きの多くは人間という動物として、自分の思いを伝えるための自然な行動だということです。接遇を学ぶということは、人間という同じ種の動物と「協力し合いましょう」という目的で関わることで、自分もまた人間としての自然な行動ができるようになることだと感じています。

　人間は言葉を話すようになったので、お互いにかなり合理的にコミュニケーションをとれるようになりました。そのため、言葉以外のコミュニケーションをかなり省略してしまっているのですね。筋肉や骨を動かすより発声し、調音するほうが楽チンですから。でも、言葉は国が違えば全然違いますね。やはり、動物としての人間同士、**感情を伝えるコミュニケーションの原点は表情であり、意思を伝えるコミュニケーションの原点は行動**なのです。

　言葉以外で伝わるものを**ノンバーバル・コミュニケーション**といいます。動物行動学はノンバーバル・コミュニケーションの学問といっていいでしょう。私は動物行動学という学問があることを知ってから、接客時の行動を行動学的に分析するようになりました。それにより、自分が蓄えていた接遇スキルの知識について、なぜそうなっているのか、明確になったことがたくさんあります。

　人間が相手と関わる時にとる距離を**パーソナル・スペース**といいます。腕1本分の長さくらいが「社会的関係」においては、お互いにいい感じの距離です。ちょうど、受付カウンターをはさんで向かい合った距離です。カウンターは社会的関係の人間同士が向き合う時に、「近すぎず遠すぎず」のいい距離が保たれる幅につくられているのですね。これが半分くらいの距離になると、友人関係、つまりプライベートの情報を伝え合う親しい関係でしょう。スペースがなくなって密着するのが恋人とか、親子関係ですね。友人でも恋人でも家族でもない人と腕1本分より近づくと、ちょっと圧迫感があります。だから、仕事の時、他の人に近づく時はその分「小さくなる」ことでその圧迫感をなくし、親しさだけを伝えるというのが接遇のスキルです。

　これまでに、やや前傾とか、腰を落とすという姿勢などをお伝えしてきたのは、それがマナーとしてのルールだからというわけではありません。動物病院はサービス業であり、飼い主様はお客様なので下手に出てくださいということでもありません。お伝えしたかったのは、**「飼い主様＝人間」という動物に動物看護師の皆さんの思いを正確に伝えるための行動を知り、よい関係を築いてください**ということです。動物病院にやって来る動物たちが健康で幸せな生活が送れるよう、皆さんが飼い主様と協力し合える関係を築くための知識と技術を身に付けてくださることを願っています。

ルールじゃなくて、気持ちを伝える自然な動き

カウンターは、社会的関係の人同士にはいい感じの距離

やや前傾で親しい人のスペースに少しだけ入り込む

近づく時は小さくなる。圧迫感がないように

知っておきたい！ 動物看護師としての傾聴

「傾聴」とは？

もともとは、カウンセリングの手法として知られた言葉で「相手の話を集中してよく聴く」ということですが、社会的なコミュニケーションに傾聴の手法を用いる目的は主に以下の3つがあります。

1 心理的問題を抱える人の治療手段の一つ

クライアントに心理的に大きなストレスがかかっていて、日常生活に支障が起こっている時は、「傾聴」はその問題を解決するための手段となります。ストレスの緩和や、問題解決のための原因を探り、通常の社会生活が送れるようにサポートします。治療の一つと言ってよいでしょう。

だから、カウンセリングにおいては、相手の話したいことを遮ったり、タイミングをずらしてしまわないように「こちらからは質問はしない」こともあるし、「○○なんです」という訴えに対し「○○の時があるんですね」と返すことで、○○ではない時もあることを気づかせる……という目的を持つこともあるようです。

治療なので、カウンセリングには料金が発生しますし、一人のクライアントにかける時間も数十分～1時間と長いです。

2 組織内での人材育成手法の一つ

上司が部下の話を傾聴することにより、判断した要素をコミュニケーションに効果的に用いることで、部下の気づく力や、やる気を向上させることができます。問題を発見したり、その解決策を引き出す質問をすることで、部下はよい経験ができて成長することができるのです。はじめから答えを出してあげたり、いきなり指示を出すことばかりであれば、部下は指示がなければ仕事ができない人になってしまいます。部下に自ら気づいたり、考えたり、状況に応じた判断ができるという能力を育てることを目的にする傾聴です。コーチングなどと呼ばれる手法の一つです。

日常の業務をしながら行われることが多いですが、わざわざ時間を取って面談することもあります。

3 顧客ニーズを理解する手法の一つ

お金を払う立場のお客様を顧客と言います。必要としていることをニーズと言います。お客様のお話を傾聴することで、お客様の求めているものや、困っていることをつかむための傾聴もあります。お客様が求めているものを正確に遂行したり、希望に近い商品を作ったり、問題解決案の提案をすることで、より多くお客様に買って（来て）いただくことができるようになります。

営業をする方々が、ときどき院長先生とお話をされていますが、商品の説明ばかりではなくて、動物病院が求めるものをつかむために「傾聴」されていることも多いのですよ。

さて、動物看護師の傾聴はどれに当たるでしょうか？
1、2、3すべての要素を含みます。難しいですが、皆さんの仕事に合わせてこの3つの傾聴パターンについて考えてみましょう。

1 飼い主様の不安な気持ちを緩和するため

皆さんの提供するものは「動物医療」です。飼い主様が患者ではありませんが、動物の具合が悪い時は、当然ストレスを抱えておいでです。もちろん、皆さんが優先すべきは動物の治療であってそのためにそこにいるのですから、人間の心の治療をするカウンセラーのように、「質

問をしないで聴くだけ」でお待たせするのは本末転倒ですが、あなたが短い時間をやり繰りして、話を真剣に聴いてくれ、心配によるストレスの緩和や、問題解決のための原因を探る姿勢が感じられれば、飼い主様は安心して、皆さんと関わってくださるようになるでしょう。

2　飼い主様を導くため

皆さんは「動物看護師」ですね。「師」には「指導する人」の意味がありますから皆さんの仕事にはそういう要素も含まれているのです。飼い主様に動物の扱い方や健康管理について意識を持ち、こちらが伝えたことを正しく実行したり、異常に気づいたらすぐに病院に動物を連れて来てくださる飼い主様になっていただきたいですよね。

だから、この方がどんな飼い主様であるかに興味を持ち、知ろうとする過程において、応対には傾聴が必要なのです。飼い主様がどんな環境で動物を育てているか、どういうことなら、実行していただけそうかなど、知ろうとすれば、それに見合った質問ができるはずです。プロとして飼い主様を指導するのは自分たちだという意識を持ってください。

3　飼い主様にご満足いただくため

病院の窓口として、受付、電話応対、薬の説明や精算業務、入院のお預かりやお返し、さまざまな説明業務。そしてもちろん診察補助……動物看護師の仕事は多岐にわたります。顧客ニーズ、すなわち飼い主様が求めているものは何かを常に意識して傾聴し、応対すれば、まずは、業務上でミスがなくなります。ミスがあるということは、コミュニケーションで傾聴ができていないということ。傾聴に欠かせないのはメモです。飼い主様のおっしゃるひと言を「大切に聴いて」責任を持って果たそうという気持ちがあるなら、飼い主様にご迷惑をかけるような状況は起こりません。受付で言ったことが、診察時に獣医師に伝わっていない、注文していたフードを取りに来たのにお渡しできないなどの現象は「傾聴」できていないことの現れです。曖昧なことは「聞き返して」確認することも「傾聴」の技術です。飼い主様が不快な感情をお持ちになってしまった時は特に、これ以上のミスを重ねてはなりません。「怒っている人」の傾聴はとても重要な応対技術なのです。

動物看護師の飼い主様との対応時の傾聴スキル

1　相手の表情を見ながら向き合う
2　話題になっている動物に視線を向けながら聴く
3　相手の感情に沿った表情で聴き、自分の感情が伝わる声で相槌を打つ
4　必要な質問をする
5　質問はないか聞く

確認テスト

問1 動物病院での接客、接遇について適当な記述の組み合わせを、①〜⑤の中からひとつ選びなさい。

A）身だしなみと笑顔の意識は「接遇」の基本である

B）カウンターで飼い主様をお迎えする時は、飼い主様に向かって深くお辞儀をしながら「こんにちは」と挨拶する

C）書類を指し示す時は、手のひらを上に向けて中指の先で行う。この時、親指を開くこと

D）カウンターで名刺を出されたら、自分が受け取ってよい

E）クリップボードは胸の前で90度の角度で持つとよい

①A、B

②B、C

③A、D

④C、D

⑤D、E

問2 動物病院での接客、接遇について適当な記述の組み合わせを、①〜⑤の中からひとつ選びなさい。

A）精算時、飼い主様が支払われたお金は、飼い主様の目の前で数えて金額を告げる

B）受付カウンターで電話中に飼い主様が来院されたら、ちょっと背中を向けるようにする

C）電話中なら、飼い主様の診察券を片手で受け取っても構わない

D）診察中の獣医師に用事がある時は獣医師の後ろで立って待っているとよい

E）こちらのミスで、お約束していたフードを飼い主様のご来院時に渡せず、郵送する処置に切り替えた時、すでに対面でお詫びが終っているならば、あえてお詫び状などを同封する必要はない

①A、C

②B、C

③A、E

④C、D

⑤D、E

確認テスト　解答・解説

問1　解答：③

B：飼い主様と目を合わせたまま挨拶する。

C：細かいところを指し示す時は親指をつけること。そのほうが相手が焦点を合わせやすい。

E：90度だと顔が下を向いてしまう。45度くらいがよい。

p72「身だしなみと笑顔」参照

p80「セールスマン対応」参照

問2　解答：①

B：とてもまずい応対。電話中でも目を合わせて、笑顔を向けること。

D：獣医師の視覚に入るところまで移動して待つこと。

E：お詫び状を同封するのが常識。

p83「お金の受け渡し方」参照

p86「電話中の来院対応」参照

索　引

あ

アイコンタクト	39
挨拶	31、51
相槌	21、66、91
アピール	72、80、86
アプローチ	39、58
アポイントメント	80
甘え	5
歩き方	81
安全	41、43
案内	31、35、38、41、52、54、65

い

椅子	34、65
依頼形	12
院長	14、21、52、57

う

受付	30、32、77
受付業務	30、32、34

え

笑顔	3、17、72、86
エマージェンシー	56

お

応対技術	3
お金	44、83
おじぎ	75、86
お待たせメロディ	51、57
折り返し	20
お詫び状	88

か

解決	24、64、90
会話	41、45、58
カウンター	30、34、44、64、75、78、86
過剰敬語	12
価値	78
価値観	14
滑舌	19
可能形	12
カルテ	56、58
感情	24、91

き

気配り	41
疑問文	13
金銭トレイ	83

く

薬	44
クッション言葉	52
クリップボード	82
クレーム	24、57、64
訓練	41

け

敬語	10、21
掲示物	35
敬称	14
傾聴	64、90
ケージ	34、39
謙譲語	10

こ

交換形式	12
肯定	36
口頭	54、87
行動	59
声	32、66
声かけ	18、46
顧客	5、90
顧客心理	5、30
心配り	41
コスト	67
五段活用	12
言葉遣い	14、18
コミュニケーション	16、89
コミュニティー	43
コールバック	20、55

さ

在庫	52、59、88
再診	30、45
雑談	16
サービス	15
サービスマインド	59

し

時間	6、25、44、52、56、67
自己完結動詞	13
自己紹介	50
指示	57、65
社会人	10
社会生活	6、10、14
謝罪	64
主訴	41
受容	3、72
状況説明	52
情報	2、30、32
職域	50
助詞	51
初診	39、42
初動対応	67
処理	31、50、52、54、56
処理案内	52、55
書類	78
親近感	50
診察券	31、86
診察室	38、41
診察台	40、41
新人	65
信頼	31、32、78

す

スタッフ	2、14、50

ストレス……………………………………… 31、51、56

せ

精算……………………………………… 18、44、83
責任……………………………………… 18、43、56
責任感…………………………………………… 50
責任者…………………………………………… 66
接客……………………………………………… 1
接遇……………………………………………… 1
説得力……………………………………… 25、32
説明……………………………………… 32、44、52
セールス………………………………………… 80

そ

相談……………………………………………… 65
組織……………………………………… 12、50、56
尊敬語…………………………………………… 10

た

第一印象………………………………………… 2
タイミング………………………………… 38、45
断定……………………………………………… 18
段取り…………………………………………… 39

ち

チームワーク…………………………………… 67

て

手……………………… 40、44、75、77、81、84、86
提案……………………………………… 39、64、67
丁寧語…………………………………………… 10
電話…………… 20、21、23、50、54、57、64、85、86

と

ドア……………………………………………… 38
同意……………………………………………… 20
同意書…………………………………………… 78
動詞……………………………………………… 10
トラブル………………………………………… 36
取り次ぎ………………………………………… 54

な

名指し……………………………………… 24、57
納得……………………………………… 46、59

に

ニーズ…………………………………………… 90
荷物……………………………………… 34、39、84
人間関係…………………………………… 16、34

の

ノンバーバル・コミュニケーション………… 89

は

バイト語…………………………………… 10、18、78
配慮……………………………………… 34、52
パーソナル・スペース………………………… 89
判断……………………………………… 2、6、72

ひ

否定形…………………………………………… 12

評価……………………………………………… 43
表情………………………… 3、73、87、89、91
表情筋…………………………………………… 73

ふ

不安……………………………………………… 43
フォロー………………………………………… 31
不快感情………………………………………… 64
付加価値………………………………………… 15
付加形式………………………………………… 12
復唱……………………………………… 21、56、66
フード……………………………………… 18、84、88

へ

ペン……………………………………… 78、85

ほ

報告……………………………………… 31、65
ホスピタリティ………………………………… 15

ま

待合室……………………………………… 16、32、34
満足度…………………………………………… 30

み

身だしなみ……………………………………… 72

め

明細書…………………………………………… 35
メッセージ……………………………………… 36
メモ……………………………… 21、50、54、85、87

も

問診……………………………………………… 41

ゆ

優先順位………………………………………… 56
ユニフォーム…………………………………… 72

ら

来院……………………………………… 30、41、86

り

理解度…………………………………………… 44
リズム……………………………………… 21、38、81
リード…………………………………………… 36
療法食……………………………………… 45、51、84

れ

連絡……………………………………… 65、87

95

著者プロフィール

動物病院接遇コンサルタント
坂上 緑（さかがみ みどり）

関西大学卒業。講師歴35年。

旅行、ホテル業界の教育専門機関で接遇指導、国際博覧会等での接客指導の後、動物病院スタッフのコミュニケーションスキル指導に特化。全国で飼い主様対応のセミナーを展開しながら動物病院現場での接遇指導、人材教育、業務分析と改善マネジメントのコンサルティングを手掛ける。

著書「飼い主さんとのコミュニケーション講座」（書籍・DVD）「動物病院ジョブトレーニング講座」（書籍・DVD）「動物病院スタッフのための院内コミュニケーション基礎知識編」（書籍）「動物病院スタッフのための院内コミュニケーション実践編」（書籍）インターズー（現エデュワードプレス）発刊。

動物病院スタッフのための
院内コミュニケーション 基礎知識編

2015年12月 1 日　第 1 版第 1 刷発行
2016年 3 月17日　第 1 版第 2 刷発行
2016年 4 月25日　第 1 版第 3 刷発行
2016年12月 8 日　第 1 版第 4 刷発行
2017年11月17日　第 1 版第 5 刷発行
2019年 2 月25日　第 1 版第 6 刷発行
2022年 1 月31日　第 1 版第 7 刷発行

著　　者　坂上緑
発 行 者　坂本佳弘
発 行 所　株式会社 EDUWARD Press（エデュワードプレス）
　　　　　〒194-0022 東京都町田市森野1-27-14　サカヤビル2F
　　　　　編集部　Tel：042-707-6138／Fax：042-707-6139
　　　　　業務部（受注専用）Tel：0120-80-1906／Fax：0120-80-1872
　　　　　振替口座　00140-2-721535
　　　　　E-mail　info@eduward.jp
　　　　　Web Site　https://eduward.jp（コーポレートサイト）
　　　　　　　　　　https://eduward.online（オンラインショップ）

印刷・製本／瞬報社写真印刷株式会社
表紙・本文デザイン／秋山智子
組版／有限会社アーム
本文イラスト／宝代いづみ

Copyright © 2015 Midori Sakagami. All Rights Reserved. Printed in Japan
ISBN 978-4-89995-905-2　C3047

落丁・乱丁本は、送料小社負担にてお取り替えいたします。
本書の内容の一部または全部を無断で複写・転載することを禁じます。